汉竹编著·亲亲乐读系列

金牌月嫂

私房月子餐

张素英 主编

汉竹图书微博
http://weibo.com/hanzhutushu

读者热线
400-010-8811

江苏凤凰科学技术出版社
全国百佳图书出版单位

金牌月嫂
私房月子餐

前言

剖宫产妈妈怎样坐月子？

春天坐月子吃什么好？

坐月子老"上火"怎么办？

……

产后饮食对新妈妈的健康有重要意义，吃得对、吃得好，身体自然恢复快。所以每一位新妈妈都会得到家人细致入微的照顾，他们不辞辛苦地每天为新妈妈准备五六餐，希望新妈妈奶水足、身体恢复快。

但家人的照顾方式往往是千篇一律的，同一种方法用在不同的妈妈身上，并没有"对症调养"。针对这个问题，金牌月嫂与大家分享了自己的工作经验，从分娩方式、哺乳方式、不同季节、不同地域、不同体质讲解进补方法和要点，以达到家人和新妈妈所期望的快速恢复的目的。另外，还有不外传的下奶方，可以让每一位妈妈都能实现母乳喂养。

本书中 42 天的月子餐，可以让新妈妈不愁"吃喝"，多种汤粥、主食、拌菜、热菜、甜食、咸食，兼顾滋补与瘦身。希望金牌月嫂的无私分享让更多新妈妈受益。

月嫂推荐的专享月子食材

红小豆

准备 1500 克

红小豆黑米粥 P46

红小豆鲤鱼汤 P186

食材功效：红小豆不仅有补血的作用，还有利水消肿的功效。对新妈妈来说，适量食用红小豆可以起到预防尿潴留的效果。

红枣

准备 1000 克

牛奶红枣粥 P40

花生红枣小米粥 P43

食材功效：月子餐中加入红枣可补养身体、滋养气血。红枣还有养血安神的作用，对产后抑郁、心神不宁等有一定的缓解作用。

红糖

准备 500 克

生化汤 P40

炒红薯泥 P83

食材功效：红糖不仅能活血化瘀，还能补血，并能促进产后恶露排出。

桂圆

准备 700 克

鲜奶糯米桂圆粥 P41

银耳桂圆莲子汤 P177

食材功效：可补心脾、补气血、安神，适用于产后体虚、气血不足或营养不良、贫血的新妈妈。

花生

准备 500 克

黑芝麻花生粥 P93

花生鱼头汤 P159

食材功效：花生具有扶正补虚、健脾和胃的功效，而且通乳作用强。此外，花生中含有丰富的蛋白质、维生素C，具有很好的补血功效。

小米

准备 1500 克

胡萝卜小米粥 P47

羊骨小米粥 P90

食材功效：小米具有滋阴养血、预防消化不良的功效，新妈妈产后常食小米粥可以使虚寒的体质得到调养，帮助恢复体力。

鲫鱼

现买现吃

荷兰豆烧鲫鱼 (P69)

奶汁百合鲫鱼汤 (P86)

食材功效：鲫鱼营养全面，易于消化，新妈妈常吃可增强抗病能力。鲫鱼中含有的优质蛋白质还可以起到催乳的作用。

鲤鱼

现买现吃

鱼头香菇豆腐汤 (P52)

菠菜鱼片汤 (P85)

食材功效：鲤鱼可补脾健胃、利水消肿、通乳明目，对产后水肿、腹胀、少尿、乳汁不通皆有益。

黄花鱼

现买现吃

冬笋雪菜黄花鱼汤 (P49)

清蒸黄花鱼 (P65)

食材功效：黄花鱼特别适合产后体质虚弱、面黄肌瘦、少气乏力、目昏神倦的新妈妈食用，对有睡眠障碍、失眠的新妈妈有安神定气、促进睡眠的作用。

猪肝

现买现吃

香油猪肝汤 (P43)

腐竹玉米猪肝粥 (P53)

食材功效：猪肝中含有丰富的铁、锌等元素，其蛋白质含量也非常丰富，新妈妈常吃猪肝，可以补气血、补肝、明目，缓解眼睛干涩、疲劳。

猪蹄

现买现吃

通草炖猪蹄 (P156)

食材功效：猪蹄中含有丰富的大分子胶原蛋白，能使皮肤细润饱满、平整光滑。猪蹄还有补血通乳的作用，是传统的产后催乳佳品。

乌鸡

现买现吃

生地乌鸡汤 (P138)

枸杞红枣乌鸡汤 (P179)

食材功效：乌鸡有滋补肝肾、益气补血等功效，特别对新妈妈产后的气虚、血虚、脾虚、肾虚等尤为有效。

蛤蜊

现买现吃

蛤蜊豆腐汤 P50

什锦海鲜面 P127

　　食材功效：蛤蜊具有滋阴利水的作用，可消除产后水肿。蛤蜊里富含的牛黄酸还可以帮助胆汁合成，有助于胆固醇代谢，能抗痉挛、抑制焦虑。新妈妈产后适当吃些蛤蜊，能预防产后抑郁。

牛肉

现买现吃

冷冻最多 3 个月

木瓜煲牛肉 P69

牛肉粉丝汤 P85

　　食材功效：牛肉可生肌暖胃，适合产后身体虚弱的妈妈补充体力。牛肉还有补气养血的作用，可增强新妈妈的免疫力。牛肉以每餐 80 克为宜。

羊肉

现买现吃

冷冻最多 3 个月

山药羊肉羹 P177

当归生姜羊肉煲 P185

　　食材功效：羊肉可益气补虚、温中暖下、壮筋骨、厚胃肠，主要用于缓解疲劳体虚、腰膝酸软、产后虚冷、腹痛等。产后吃羊肉可促进血液循环，增温驱寒。

牛奶

保质期内喝完

什锦果汁饭 P69

奶香麦片粥 P72

　　食材功效：牛奶中含有的磷，对促进宝宝大脑发育有重要的作用；牛奶中含有的镁能缓解心脏和神经系统疲劳；牛奶中含有的锌能促进伤口更快地愈合。

山药

现买现吃

山药粥 P42

西红柿山药粥 P129

　　食材功效：山药具有健脾益胃、助消化的作用，新妈妈适当吃些山药，还可促进肠蠕动，预防和缓解便秘。

鸡蛋

新鲜鸡蛋最佳

紫菜鸡蛋汤 P42

面条汤卧蛋 P45

　　食材功效：鸡蛋中含有的优质蛋白质能够很好地帮助新妈妈提高母乳质量。另外，新妈妈产后易贫血，而鸡蛋中的铁质对于改善新妈妈贫血状况有很好的疗效。

芝麻

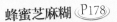

准备 300 克

黑芝麻米糊 P62

蜂蜜芝麻糊 P178

　　食材功效：芝麻味甘，性平，入肝、肾二经，是滋补保健佳品，具有养发、生津、通乳、润肠等功效，适用于身体虚弱、贫血萎黄、大便燥结、头晕耳鸣等症。

枸杞子

准备 100 克

冰糖五彩玉米羹 P60

羊肾枸杞粥 P184

　　食材功效：枸杞子具有滋补肝肾、益精明目的功效，其主要有效成分为枸杞多糖，有调节人体免疫力、清除机体自由基、维护肾气旺盛的功能。

益母草

准备 100 克

益母草木耳汤 P61

　　食材功效：益母草可去瘀生新、活血调经、利尿消肿，益母草浸膏及煎剂对子宫有强而持久的兴奋作用，不但能增强其收缩力，同时能提高其紧张度和收缩率。

莲藕

现买现吃

莲藕炖牛腩 P103

莲藕瘦肉麦片粥 P162

　　食材功效：莲藕能健脾开胃、生津止渴、益血生肌，对产后恶露不净、伤口久不愈合的新妈妈有较好的疗效。新妈妈常吃莲藕，可大大预防缺铁性贫血的发生。

核桃

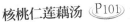

准备 800 克

核桃仁莲藕汤 P101

核桃红枣粥 P107

　　食材功效：核桃仁可促进产后子宫收缩，对改善血行障碍有很大作用。新妈妈常吃些核桃，还有利于提高乳汁质量。

银耳

准备 200 克

香蕉百合银耳汤 P49

红枣银耳粥 P81

　　食材功效：银耳中富含天然植物性胶质、膳食纤维等营养成分，新妈妈常吃排毒又养颜。银耳中含有的维生素 D，还能防止新妈妈体内的钙流失。

目录

Part1
月嫂私家产后进补方

Part2

产后第 1 周

Part3
产后第 2 周

Part4

产后第 3 周

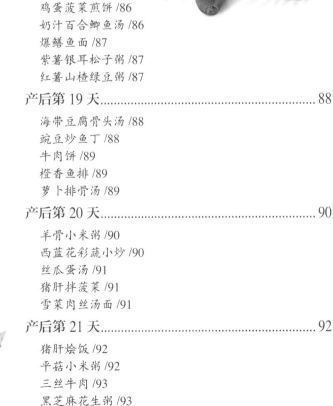

Part5

产后第4周

Part6

产后第5周

产后第 6 周

不外传的下奶方

回乳其实很简单

Part10
这样吃不落月子病

Part1

月嫂私家产后进补方

坐好月子，身体才能更快地恢复，才能早日承担带宝宝的任务。月嫂提醒新妈妈，坐好月子，要讲究分娩方式、喂奶方式、季节、体质、南北方差异等，根据自己的情况采取进补方法，比参照别人坐月子的方式更好、更舒服、更有效。

按分娩方式进补

不同的分娩方式,有不同的进补方法,家人要了解这方面的知识,才能照顾好新妈妈。如果只按照一种方式进补,或照搬照抄某一种分娩方式的进补方法,有可能会使新妈妈虚弱的身体雪上加霜。那不同的分娩方式进补有什么不同呢?

顺产妈妈

注意营养调配

顺产妈妈由于分娩时消耗了巨大精力,同时也消耗了大量的能量,出血也会导致蛋白质和铁的丢失,因此产后初期会感到疲乏无力,面色苍白,易出虚汗,且胃肠功能也趋于紊乱,出现食欲缺乏、食而无味等现象,再加上乳汁分泌,也会消耗能量及营养素。如果此时营养调配不好,不仅新妈妈身体难以康复,容易得病,而且还会影响宝宝的生长发育。

饮食重点是开胃而不是滋补

产后,顺产妈妈会感觉身体虚弱、胃口较差,因为新妈妈的胃肠功能还没有完全复原,所以,进补不是初期饮食的主要目的,而是要易于消化、吸收,以利于胃肠的恢复。顺产妈妈可以喝些清淡的鱼汤、鸡汤、蛋花汤等,主食可以吃些馒头、龙须面、米饭等。另外,新鲜蔬菜和苹果、香蕉等也可刺激新妈妈的食欲。

饮食应以稀软为主

依据新妈妈的身体状况,月子期间的饮食宜以稀软为主。"稀"是指水分要多一些,有些地方坐月子禁止新妈妈喝水,这是不健康的观念。分娩过后,新妈妈身体流失了许多血液、汗液,还要肩负哺喂宝宝的任务。因此,要保证水分的摄入量,除了多喝水,排骨汤、鱼汤等汤品也要比平时多喝一些。"软"是指食物烧煮方法要以稀软为主。很多新妈妈在坐月子时,牙齿都有松动的现象,所以月子餐应烹调得软烂一些。

别急着喝下奶汤

产后前两三天不要急着喝催乳的汤,不然胀奶期可能会很疼痛,也容易患乳腺炎。而且,产后新妈妈的身体太虚弱,马上喝下奶汤,往往会"虚不受补",反而会导致乳汁分泌不畅。另外,过早喝催乳汤,乳汁下来过快过多,新生儿又吃不了那么多,容易造成浪费,还会使新妈妈乳腺管堵塞,出现乳房胀痛。

侧切妈妈

适当吃些富含脂类的食物

产后因为有恶露排出，影响侧切伤口的愈合。要想侧切伤口恢复得又快又好，需要特别注意清洁卫生，否则就会引起炎症，延长伤口愈合的时间。脂类的缺乏会导致伤口愈合变慢，所以新妈妈在注意伤口清洁卫生的同时，可以适当吃些富含脂类的食物，以提高身体抗炎能力。富含脂类的食物有鱼油、动物肝脏、蛋黄、黄豆、玉米、芝麻油等。

摄入富含维生素 A 的食物

产后新妈妈身体虚弱，一不小心就会感染发热。侧切伤口的感染也会引起新妈妈身体发热，还会影响侧切愈合时间。此时多吃一些富含维生素 A 的食物，能提高新妈妈的抵抗力。因为免疫球蛋白也是糖蛋白，其合成与维生素 A 有关，故补充维生素 A 有提高机体抗感染的作用。水果类，如梨、苹果、枇杷、樱桃等，蔬菜类如马齿苋、大白菜、荠菜、西红柿等，谷物类如绿豆、大米、胡桃仁等，动物肝脏、奶及奶制品都是含维生素 A 丰富的食物。新妈妈可根据自己的喜好和身体情况选择此类食物。

侧切妈妈多吃些富含维生素 A 的食物，可提高抵抗力。

多吃富含维生素 C 的食物

会阴侧切的新妈妈，伤口愈合比较快，只需三四天，而剖宫产妈妈则需要 1 周左右。产后营养好，会加速伤口的愈合，建议适当多吃富含优质蛋白质和维生素 C 的食物，以促进组织修复，这样伤口就会恢复得又快又好。

饮食预防便秘

产后新妈妈大部分时间躺在床上休息，活动量少，胃肠蠕动变慢，容易发生便秘。便秘会造成排便困难，用力时会引起侧切伤口疼痛，还会导致侧切伤口裂开。所以侧切妈妈预防便秘很关键。侧切妈妈可以每天清晨喝杯温开水，以促进胃肠蠕动，正餐适当吃些青菜，加餐时可以吃些水果。

剖宫产妈妈

剖宫产手术伤口较大，创面较广，所以剖宫产妈妈产后进补要注意的事项较多。不过剖宫产妈妈只要科学、合理地进食，会明显减轻伤口疼痛程度，也有利于促进伤口愈合，如果吃得对、吃得好，瘢痕会变得很浅、很小。

吃流质食物

剖宫产妈妈排气之后不能马上吃硬的食物，应从流质食物开始，产后前 2 天可以吃面条、蛋汤等，但 1 次不能吃得太多，最好分几次食用。之后几天可以由流质食物逐渐过渡到半流质食物，但要注意蛋白质、维生素和矿物质的补充。

剖宫产新妈妈要注意，所有食物和饮料，最好都要吃得温热，包括水果，也要用热水温一下再吃。

排气后进食

由于剖宫产手术中肠管受到刺激而使肠道功能受损，导致肠蠕动变慢，肠腔内出现积气现象，术后新妈妈会感觉有腹胀感，马上进食会造成便秘。因此，术后 6 小时内不宜进食。应在 6 小时后喝一点温开水，以刺激肠蠕动，达到促进排气、减少腹胀的目的。待排气之后方可进食流食。

一般的月子食材都具有温补作用，如猪蹄、胡萝卜、牛羊肉、土豆、油菜、鱼类、奶类。

拒绝产气食物

剖宫产妈妈在开始进食时应食用促排气的食物，如萝卜汤等，帮助增强胃肠蠕动，促进排气，减少腹胀，使大小便通畅。对于那些容易"胀气"的食物，如黄豆、豆浆、淀粉类食物应尽量少吃或不吃，以免加重腹胀。

术后1周内应禁吃产气食物，也不要吃生、冷、硬的食物。

别吃太饱

剖宫产手术时肠道受到刺激，胃肠道正常功能被抑制，肠蠕动相对减慢。若多食会使肠内代谢物增多，在肠道滞留时间延长，这不仅可造成便秘，而且产气增多，腹压增高，不利于新妈妈恢复。

金牌月嫂掏心话

许多剖宫产妈妈会对腹部明显的瘢痕耿耿于怀，其实只要注意产后饮食，伤口可以很快愈合，瘢痕也会变得不太明显哟！为了促进剖宫产妈妈腹部刀口的恢复，要多吃鸡蛋、瘦肉、肉皮等富含蛋白质的食物，同时也应多吃含维生素C、维生素E丰富的食物，以促进组织修复。避免吃深色的食物，以免瘢痕颜色加深。

按哺乳方式进补

产后哺乳妈妈一方面要注意自己的身体恢复，一方面还要注意母乳质量，所以进补很重要。而非哺乳妈妈的主要任务除了产后恢复外，还会特别注重瘦身。这就决定了哺乳妈妈与非哺乳妈妈的产后饮食会有所不同。

哺乳妈妈

不要吃对母乳有影响的食物

回乳食物：母乳的产生是靠多巴胺刺激大脑中枢神经，导致乳汁分泌。要刺激多巴胺分泌量增加很困难，但要抑制它就很容易，所以食物对泌乳的效果，往往是回乳比催乳更明显。因此哺乳妈妈一定不要食用韭菜、麦芽等易导致回乳的食物。

刺激性食物如辣椒、蒜等辛辣的调味料，会影响乳汁的味道，导致宝宝拒食母乳。

哺乳新妈妈每天要喝 250 毫升的温开水 6~10 杯。

食补助泌乳

新妈妈开始泌乳后要加强营养，这时的食物品种应多样化，最好应用五色搭配原理，黑、绿、红、黄、白尽量都能在餐桌上出现，既增加食欲，又均衡营养，吃下去后食物之间也可互相代谢消化。新妈妈千万不要依靠服用营养素来代替饭菜，应遵循人体的代谢规律，食用自然的饭菜。

每天摄入适量水分

水分是乳汁中最多的成分，新生宝宝也要依靠新妈妈的乳汁来补充水分。哺乳妈妈饮水量不足时，就会使乳汁分泌量减少。由于产后新妈妈的基础代谢较高，出汗再加上乳汁分泌，需水量高于一般人，故应多喝水，每天要喝 6~10 杯水，每杯水为 250 毫升。

重视早餐质量

哺乳期妈妈的早餐非常重要。经过一夜的睡眠，体内的营养已消耗殆尽，血糖浓度处于偏低状态，如果不能及时充分地提高血糖浓度，就会出现头晕心慌、四肢无力、精神不振等症状。而且哺乳妈妈还需要更多的能量来喂养宝宝，所以这时的早餐要比平常更丰富、更重要，不要破坏基本饮食模式。

非哺乳妈妈

非哺乳妈妈不要急于节食瘦身

非哺乳妈妈想要尽快瘦下来的心情可以理解，但需要用科学、健康的方式，不能急于求成。产后新妈妈的身体恢复需要一段时间，所以即使不哺乳，也需要静养、休息，多吃一些具有滋补作用的食物。产后瘦身的前提是身体一定要健康，所以非哺乳妈妈要正常摄入一日三餐，如果身体需要，还可以加餐。

非哺乳妈妈别吃得太多

非哺乳妈妈此时不宜吃得太多，因为吃得太多，活动太少，又不需要哺喂宝宝，多余的营养就会积存在妈妈体内，使体重不断增加。此时非哺乳妈妈可在减少正餐摄入量的情况下，补充一些水果。

不要吃刺激性的食物

非哺乳妈妈千万不要以为不需要给宝宝哺乳，就可以放纵自己的胃口，想吃什么就吃什么，过酸、过辣或过凉的食物会刺激新妈妈敏感的胃肠，极易造成胃肠发炎。而且处于月子期的非哺乳妈妈身体仍然是十分虚弱的，那些性寒凉或大热的食物也都不适合非哺乳妈妈食用。

适当吃些抗抑郁食物

很多非哺乳妈妈由于不能亲自喂养宝宝而心生愧疚，加之产后体内雌激素发生变化，改变神经递质的活动，容易产生抑郁心理，情绪容易波动，会出现不安、低落，或者常常为一点儿不称心的小事而感到委屈，甚至伤心落泪。此时，多吃些鱼肉和海产品比较好。因为鱼肉和海产品含有一种特殊的脂肪酸，有抗抑郁作用，能够减少产后抑郁症的发生。

适当减少水分的摄入

非哺乳的新妈妈应尽量控制一下水分的摄入，不能像哺乳期一样喝很多的汤汤水水，不然母乳分泌过多而此时又已经断奶，会有胀奶的现象。另外，要逐渐减少喂奶次数，缩短喂奶时间，同时应注意少进食汤汁及下奶的食物，可使乳汁分泌逐渐减少以至全无。

非哺乳妈妈少进食汤品及下奶的食物。

按四季进补

季节不同，新妈妈的月子餐当然也不尽相同，人们常说："冬吃萝卜夏吃姜，一年不用开药方"，就是指饮食要随季节的变化而变化，这样才能补得恰到好处。营养专家建议新妈妈在不同的季节讲究不同的饮食方法，吃得对、补得好，妈妈和宝宝都受益。

新妈妈多吃些豆类、燕麦制品及富含膳食纤维的蔬菜，能够促进食物的消化吸收。

春季

母乳喂养的妈妈更应保证充足的水分摄入，这样不仅可以补充由于气候干燥而丢失的水分，还可以增加乳汁的分泌。在饮食方面应以清淡为主。春天有许多当季的瓜果蔬菜，新妈妈可以适当吃些新鲜的蔬菜，或者喝些蔬菜汤和水果汁，非常有益于新妈妈身体复原和哺乳。春季坐月子，要多吃蔬果，如菠菜、甜椒、荸荠、胡萝卜、橙子、香蕉等。

夏季

夏季天热，新妈妈难免胃口不佳，这是正常的，不用刻意强迫自己必须吃下多少食物。不妨正餐少吃一点，在上午10点和下午3点来2顿加餐。夏季坐月子饮食一定要讲究质量，食物要少而精。千万不要因为天气炎热而喝冰水或是大量喝冷饮。要多喝一些温开水，补充出汗时体内丢失的水分。

如果不能长时间晒太阳，就多吃些坚果、豆制品、奶制品来补钙吧！

秋季

秋天正是滋补的季节，除了进补一些鱼汤、鸡汤、猪蹄汤，还应当加入一些滋阴的食物以对抗秋燥，如梨水、银耳汤等，但是也不要多喝，每天1小杯。秋天是蔬果丰收的季节，水果含有大量的维生素及膳食纤维，对新妈妈体力的恢复和肠道健康很有益处。

新妈妈每天食用不少于10种健康食材，最符合秋季进补的原则。

冬季

冬天坐月子时期的饮食，新妈妈一定要记住一点，就是要"禁寒凉"。产后多虚多瘀，应禁食生冷、寒凉之品。此时，可以将水果切块后，用水稍煮一下，连渣带水一起吃，就可以避免寒凉。冬季坐月子宜温补，可适量服用姜汤、姜醋，以使新妈妈血液畅通、驱散风寒，也能减少患感冒的概率。

金牌月嫂掏心话

冬春季节，就不要让太多的人来"参观"宝宝啦！我在入户照顾母子的时候，几乎每个周末都会有新妈妈和新爸爸的亲戚或朋友、同事来家里看望，我一般就让他们在客厅里，把宝宝抱出来让他们看看就好，然后找个理由就回卧室了，妈妈不好说话，我这个月嫂就没那么多顾忌啦！

一切为了宝宝！

按南北方进补

由于气候不同，温度差异大，因此南北方在饮食上有很大差异，而这些差异也影响到了南北方新妈妈月子饮食的差别。北方新妈妈多吃小米粥、面条、鸡蛋，南方新妈妈的食物则以炖品、煲汤为主。

北方坐月子

多吃补水食物

北方人口味重，而吃得过咸会加重肾脏的负担，很容易形成痰湿体质。新妈妈需要注意调补肾脏，多吃些含水分的食物，使身体达到平衡。建议新妈妈多吃些扁豆、冬瓜、白萝卜、玉米、薏米、红小豆等有助于调养肾脏的食物。

经常喝些小米粥

小米粥营养价值丰富，有"代参汤"的美称。很多北方新妈妈在坐月子期间都会选择食用小米粥。小米粥不仅含有丰富的维生素 B_1、维生素 B_2，其含铁量也很高，可以使产后虚寒的新妈妈得到调养。此外，小米粥还有很好的养胃功效，是新妈妈坐月子期间不可或缺的食物。

吃些富含膳食纤维的食物

北方天气干燥，产后的新妈妈活动又少，容易出现便秘的症状。所以生活在北方的新妈妈要适当多吃些富含膳食纤维的食物，如糙米、玉米等杂粮，根菜类和海藻类食物中富含的膳食纤维也比较多，如牛蒡、胡萝卜、四季豆、红小豆、豌豆、薯类和裙带菜等。

多吃富含膳食纤维的食物也有利于排肠毒，能使新妈妈气色好、皮肤白，并且也能像生活在南方的新妈妈一样，皮肤水水嫩嫩的。

菜中少放酱油

北方人不论做什么菜都喜欢放酱油，但是酱油中含有较多的钠，含盐量也近33%，哺乳妈妈如果食用过多酱油，会影响乳汁分泌。为了自己和宝宝的健康，新妈妈一定要控制酱油的摄入量。

薏米性微寒，最好在产后两周后再吃。

南方坐月子

适当喝些米酒

米酒几乎是所有南方新妈妈月子里的当家补品。的确，米酒营养丰富，含糖、有机酸、维生素 B_1、维生素 B_2 等，有益气活血、通乳的功效，非常适合哺乳妈妈食用。若加入红枣和红糖，又是补血的佳品。但是米酒性热，天天食用容易上火，新妈妈还应适量食用。

宜食用红枣炒米茶

很多南方的新妈妈都会在月子里吃些红枣炒米茶。红枣具有补脾和胃、补血的功效，而炒米同样具有暖胃功效，可以帮助新妈妈更好地吸收食物的营养。不过，任何食物都不宜进补过量，以免影响身体恢复。

煲汤补身体

南方人普遍喜欢煲汤，而产后第1周新妈妈主要的饮食就是滋补汤，这正好是南方人的优势。不过，家人在煲汤时还是要根据新妈妈的身体状况来制订食谱，以免不利于新妈妈的恢复。尤其是产后第1周，最好不要食用催乳效果太强的补汤，以免在乳腺未通的情况下催乳，导致乳房胀痛。

忌辛辣食物

由于气候潮湿，南方人很喜欢吃辣，因为吃辣能够去除体内湿气。但在坐月子期间，新妈妈即使再喜欢吃辣，也要忌口。辛辣食物不仅会对胃肠造成不利影响，还会引起大便干燥，导致新妈妈排便困难，不利于身体排毒，影响母乳质量和宝宝的健康。

做菜用茶油

很多南方地区的新妈妈将茶油称为"月子油"，可见其功效。茶油含有丰富的维生素 D、维生素 E、维生素 K、胡萝卜素和微量的黄酮、皂素等物质。新妈妈常食茶油，可提高免疫力，还能美容护肤、抗衰老。茶油还可以增加母体免疫机能，从而提高母乳分泌量，把更多的营养物质及免疫物质带给宝宝。

米酒益气活血、通乳，是坐月子时的滋补佳品。

按体质进补

按体质进补才是最聪明的妈妈。分娩后，新妈妈身体很虚弱，需要适当进补。但是新妈妈进补不能盲目进行，应讲究科学性。产后的补身不应局限于营养的补充，而是依据新妈妈的体质，选择合适的食材，才能迅速恢复生理机能。

测测你是什么体质

寒性体质	面色苍白、怕冷或四肢冰冷、口淡不渴、大便稀软、尿量多且色淡、易感冒、头晕无力、喜喝热饮
热性体质	面红耳赤、四肢或手足心热、口干口苦、大便干硬或便秘、尿量少而色黄、易长痘疮
中性体质	不寒凉、不燥热、不口干、食欲正常、舌头红润、无特殊经常发作的疾病、舌苔淡薄
气虚体质	说话无力、常出虚汗、呼吸短促、疲乏无力、舌淡苔白、脉虚弱
血虚体质	面色苍白、视物不明、四肢麻木、皮肤干燥、口唇淡白、脉细无力、易头晕和眼花、月经量少
阴虚体质	怕热、易怒、口干咽痛、大便干燥、小便短赤或黄、舌质红、腰酸背痛、易盗汗
阳虚体质	怕寒喜暖、手足不温、口淡不渴、小便清长、大便溏薄、舌苔白滑

寒性体质

食用温补食物

寒性体质的新妈妈本身脾胃虚寒，气血循环差，加之生产时消耗了大量体力，体质变得更加虚寒。温补食物具有温中、补虚、祛寒的功效，可使身体生热，机能兴奋，增加活力。多食用温补食物可帮助改善新妈妈疲倦、乏力、四肢发冷等现象。

食用有助于促进血液循环的食物

寒性体质的新妈妈容易手脚冰凉，主要是因为体内血液循环不好。而维生素 E 有助于扩张末梢血管，让末梢血液流通顺畅，有效改善人体的血液循环。

富含维生素 E 的食物有坚果、瘦肉、乳类等。除此之外，维生素 B_3 对促进机体血液循环、改善腹泻症状也很有效。维生素 B_3 在动物肝脏、牛奶、全麦制品、花生等食物中含量都很丰富。寒性体质的新妈妈可有选择性地食用。

热性体质

宜滋阴润燥，补充水分

热性体质中阴虚型的新妈妈应该在饮食上注意补阴，多进食具有滋阴润燥功效的食物，如鸭肉、莲藕、冬瓜等。水果可以选择香蕉、猕猴桃、草莓等。另外，热性体质的新妈妈还需要注意水分的补充，多喝温热的白开水，忌喝冰冷的饮料。

注意清热

热性体质的新妈妈容易产生内热，应注意清热。热性体质的新妈妈可以多摄取凉性食物，凉性食物具有镇静、清凉消炎的作用，能够有效改善怕热、口干、大便干燥等现象。海带、火龙果、丝瓜等食物都属于凉性食物，热性体质的新妈妈可选择食用。

注意祛湿

热性体质的新妈妈总是会感觉身体某些部位有湿热的情况，尿量少且颜色发黄，加之产后容易出现水肿现象，吃些清利祛湿的食物可帮助身体排出多余的水分，消除肿胀感，例如薏米、红小豆等。

少吃或不吃甜食

热性体质的新妈妈食用过多甜食会加重脾脏的负担，因此在产后饮食上应该少吃或不吃甜食，甘甜饮料、辛辣刺激的食物也要少吃。饮食上要以清淡祛湿为主，注意多补水。

中性体质

适当摄取碱性食物

中性体质的新妈妈要想维持这种体质不变，需要多吃五谷杂粮、蔬菜瓜果等食物，还需要多补充富含钙、镁、钾的食物。因为这些均属于碱性食物，可以中和体内的酸性，使血液的 pH 值达到稳定和平衡的状态。

根据季节变化搭配食物

中性体质的新妈妈在维持自身阴阳平衡的同时，还需要根据自然界的四时阴阳变化来保持自身与自然界的整体平衡。新妈妈最好根据季节的不同而食用当季食物，一方面能摄取营养，另一方面也能够保证身体阴阳的平衡。

以清淡为主，少吃多餐

对中性体质的新妈妈来说，饮食清淡是需要坚持的首要原则，在产后进补时不能过于油腻。另外，新妈妈产后胃肠功能会减弱，如果一次进食太多会增加胃肠负担，造成胃肠功能的减弱。相反，少吃多餐有利于胃肠功能的恢复，减轻胃肠负担，保证营养的充分摄入。因此，建议新妈妈每日的用餐次数可保持在五六次。

气虚体质

气虚体质的新妈妈总是容易疲乏、精神不振、气短懒言，应多吃些健脾益气的食物，如鸡肉、黄豆、红枣、蜂蜜等。

食用补气食物

针对气虚体质的新妈妈对食物的寒热比较敏感的特点，在产后应进食性质温和、具有补益作用的食物，如小米、红枣、桂圆等，但在进补时需要注意不要蛮补，因为这种体质的新妈妈脾胃偏虚，如果一次补得太多，不但起不到补益作用，还会引起脾胃不适。

气虚体质的新妈妈要注意休息，产后不宜过早做家务，多吃一些红枣、桂圆等补气血的食物。

缓慢进补

气虚体质的新妈妈需要缓慢进补，切记不可补得过快过急。气虚体质的人对食物的寒热较为敏感，因此，宜食用性质温和、具有补益作用的食物，那些太过寒凉或太过温热的食物应少吃或不吃。因为太过寒凉的食物容易伤脾胃，而太过温热的食物又容易引起上火。

血虚体质

注意补血养血

血虚体质的新妈妈需要注意补血养血。新妈妈在产后易发生贫血，而血虚体质的新妈妈发生贫血的概率会更高，因此必须重视补充铁元素。产后补铁能够帮助新妈妈缓解头晕、心慌、怕冷等症状，还对新妈妈身体的恢复、情绪的提高有好处。因此，产后可选择进食一些猪肝、鸡蛋、红枣等富含铁的食物。

注意健脾和胃

脾胃是气血生化之源，只有饮食合理，脾胃功能才会正常运转，血液自然就能够流通顺畅。所以，血虚体质的新妈妈在补血的同时也要注意补脾胃。可以选择四物汤等具有补血、健脾胃功效的汤饮。

阴虚体质

阴虚又称阴虚火旺，俗称虚火，主要是由于产后津液及血发生亏耗、亏损引起的。阴虚体质的新妈妈宜吃一些甘凉滋润、生津养阴的食物。除此之外，新妈妈也要适当多吃一些新鲜蔬菜瓜果或含膳食纤维及维生素较多的食物，宜吃含蛋白质丰富的食物，忌吃辛辣刺激性食物，少吃煎炸爆炒及性热上火的食物，也要少吃脂肪、糖分含量高的食物。

具体来说，阴虚体质的新妈妈适合吃的食物有百合、鸭肉、黑鱼、海蜇、莲藕、金针菇、枸杞子、燕窝、荸荠等。平时可以常喝些枣皮大米粥、百合大米粥、银耳红枣羹、百合莲子羹等，这些都有滋阴的作用，阴虚的新妈妈可以多吃些。

阳虚体质

阳虚又称阳虚火衰，是气虚的进一步表现和发展。所谓阳虚，就是产后的肾脏功能偏衰或功能减退，致使产热不足。阳虚体质的新妈妈，在饮食方面切忌贪凉，少吃梨、荸荠等性质寒凉的食物。月子里，阳虚体质的新妈妈可适当多吃一些牛肉、羊肉、生姜等温补食物，以壮人体之阳气。生姜红糖饮、当归生姜羊肉汤可以起到温阳补气的作用，新妈妈可适当饮用。

新鲜蔬果甘凉滋润、清热祛火，最适合阴虚体质的新妈妈，但要注意温热后食用。

Part2

产后第 1 周

新妈妈的身体变化

乳房：开始泌乳

出了产房之后，宝宝就会被送到新妈妈面前，小家伙会毫不客气地噘起小嘴吸吮乳头。但新妈妈也会面临没有乳汁的尴尬。其实，这是很正常的现象，在产后1~3天，新妈妈才会分泌乳汁。在此期间，一定不要着急喝催乳汤，否则会导致乳腺管堵塞而引起乳房胀痛。

胃肠：功能尚在恢复

孕期受到子宫压迫的胃肠终于可以“归位”了，但功能的恢复还需要一段时间。产后第1周，新妈妈的食欲比较差，家人可要在饮食上多花心思了，多做一些开胃的汤汤水水。

子宫：慢慢变小

宝宝胎儿时期的温暖小窝——子宫，在宝宝出生后就要“功成身退”了。本周开始，新妈妈的子宫会慢慢变小，但要恢复到怀孕前的大小，至少要花6周左右的时间。

恶露：类似月经

从产后第1天开始，新妈妈会排出类似“月经”的东西（含有血液、少量胎膜及坏死的蜕膜组织），这就是恶露。

骨盆：逐渐恢复

新妈妈的骨盆底部肌肉张力逐渐恢复，水肿和瘀血渐渐消失。

产后第 1 周饮食宜忌

生完宝宝就"大补"的观点很危险，月嫂建议新妈妈本周宜吃些清淡、开胃的食物和排恶露的食物，不宜大补。

宜恰当饮用生化汤

生化汤是一种传统的产后方，能"生"出新血，"化"去旧瘀，可以帮助新妈妈排出恶露，但是饮用要恰当，不能过量，否则有可能增加出血量，不利于子宫修复。

一般自然分娩的新妈妈在无凝血功能障碍、血崩或伤口感染的情况下，可以在产后 3 天服用，每天 1 帖，连服 7~10 帖。剖宫产新妈妈则建议最好推迟到产后 7 天以后再服用，连续服用 5~7 帖。每天 1 帖，每帖平均分成 3 份，在早、中、晚 3 餐前温热服用。不要擅自加量或延长服用时间。最好饮用前，咨询一下医生。

新妈妈宜补钙补铁

宝宝的营养都需要从新妈妈的乳汁中摄取，据测定，每 100 克乳汁中含钙 34 毫克，如果每天泌乳 1000~1500 毫升，新妈妈就要失去 500 毫克左右的钙。如果摄入的钙不足，就要动用骨骼中的钙去补足。所以新妈妈产后补钙不能懈怠，每天最好能保证摄取 2000~2500 毫克。如果新妈妈出现了腰酸背痛、肌肉无力等症状，说明身体已经严重缺钙了。

另外，新妈妈在分娩时流失了大量的铁，产后缺铁是比较常见的现象，母乳喂养的新妈妈更易缺铁。哺乳期新妈妈每天摄入 18 毫克的铁才能满足母婴需求。

宜加强对必需脂肪酸的摄取

必需脂肪酸能够调整激素分泌、减少炎症的发生。新妈妈在生产之后，必需脂肪酸能够帮助子宫收缩，使子宫恢复到怀孕前的大小。因此，必需脂肪酸对新妈妈的身体恢复至关重要。但是必需脂肪酸自身不能合成或合成速度慢，无法满足机体需要，必须从食物中摄取，每天至少要摄入 2.2~4.4 克。

芝麻中含有丰富的必需脂肪酸，新妈妈可以在菜中撒上一些，既有营养又美味可口。

月子食材宜考究

月子餐要保证身体尽快复原，就必须要选择考究的原料，如选择时令新鲜蔬菜、水果；汤品首选鱼汤，热量低且营养价值高。同时，食材的选购也要注意选择天然无污染的种类，最好到正规菜市场或商场、超市购买。

宜吃煮蛋和蒸蛋

鸡蛋富含蛋白质，是许多新妈妈的首选补品。煮鸡蛋、蛋羹、蛋花汤是不错的食用方法，既能杀灭细菌，又能使蛋白适当受热变软，易与胃液混合，有助于消化，是脾胃虚弱的产后新妈妈的补益佳品。

如果产后新妈妈便秘，可以在鸡蛋羹中淋入一些香油，会有良好疗效。但食用时需注意，过量食用会导致消化不良，一般以每天不超过 2 个鸡蛋为宜。

宜早餐前半小时喝温开水

人体在一晚上的睡眠以后，流失了大量的水分，尤其是哺乳期妈妈，晚上还要照顾宝宝，因此除了晨起喝水以外，早餐前饮水也是非常重要的。

哺乳妈妈早餐前半小时喝一杯温开水，不仅可以润滑胃肠，让消化液得到足够分泌，刺激胃肠蠕动，预防哺乳期妈妈发生便秘和痔疮，还可以促进泌乳量。但最好不要喝饮料，否则不仅不能有效补充体内缺少的水分，还会增加身体对水的需求，造成体内缺水。

宜保持饮食多样化

很多新妈妈觉得好不容易生下了宝宝，终于可以不用在吃上顾虑那么多了，赶紧挑自己喜欢吃的进补吧。殊不知，不挑食、不偏食比大补更重要。因为新妈妈产后身体的恢复和宝宝营养的摄取均需要大量不同的营养成分，新妈妈千万不要偏食和挑食，要讲究粗细搭配、荤素搭配等。这样既可保证各种营养的摄取，还可提高食物的营养价值，对新妈妈身体的恢复很有益处。

不宜急于吃老母鸡

炖上一锅鲜美的老母鸡汤，是很多家庭给新妈妈准备的滋补品。其实，产后哺乳的新妈妈不宜立即吃老母鸡。因为老母鸡的鸡肉中含有一定量的雌激素，产后马上吃老母鸡，就会使新妈妈血液中雌激素的含量增加，抑制催乳素发挥作用，从而导致新妈妈乳汁不足，甚至回乳。此时最好是选择用公鸡炖汤。

不宜同时服用子宫收缩剂和生化汤

新妈妈要咨询医生，是否住院期间所开的药物里已包括子宫收缩剂在内，如果有，就不宜同时服用生化汤，免得使子宫收缩过强而导致产后腹痛。一般来说，医疗方面使用收缩剂主要是防止产后出血之用，而生化汤与其效果相似。

不宜喝长时间煮的骨头汤

动物骨骼中富含钙质，但这些钙质难以溶解，即使是长时间熬煮的骨头汤，其中钙的含量也微乎其微。而且经过长时间的熬煮，原料及汤中一些怕热的营养素丧失殆尽，所以哺乳的新妈妈既不要指望用骨头汤补钙，也不要喝煲的时间过长的汤，一般骨头汤或肉汤煮40分钟至1小时就可以了。

吃鱼不利于术后止血与创口愈合，产后1~7天内新妈妈最好少吃。

不宜天天喝浓汤

产后不宜天天喝浓汤，即脂肪含量很高的汤，如猪蹄汤、排骨汤等，因为过多的高脂肪食物不仅让新妈妈身体发胖，也会导致宝宝出现消化不良。新妈妈应适当喝些富含蛋白质、维生素、钙、磷、铁、锌等营养素的高汤，如瘦肉汤、蔬菜汤、蛋花汤、鲜鱼汤等。而且要保证汤和肉一块儿吃，不能只喝汤而不吃肉和菜。

不宜在伤口愈合前多吃鱼

鱼类是很好的进补食物，有利于下奶，但剖宫产或有会阴侧切的新妈妈不宜过多食用。因为鱼类（特别是海产鱼类体内）含有丰富的有机酸物质，它会抑制血小板凝集，对术后止血与创口愈合不利。尤其是产后1~7天不能喝过浓的鱼汤。

不宜长期喝红糖水

传统观念认为产后喝红糖水比较补养身体，比如可以帮新妈妈补血和补充碳水化合物，还能促进恶露排出和子宫复位等。其实红糖水并不是喝得越久越好。因为过多饮用红糖水，会损坏新妈妈的牙齿，还会导致出汗过多，使身体更加虚弱，甚至会增加恶露中的血量，从而引起贫血。营养专家建议产后喝红糖水的时间，以 7~10 天为宜。

不宜只喝小米粥

北方有一种坐月子的习惯，就是分娩之后只能以小米粥为主食，连续喝好几周。其实，小米粥是很有营养，特别是在月子期间，但是也不能只以小米粥为主食，而忽视其他营养成分的摄入。刚分娩后的几天可以以小米粥等流质食物为主，但当新妈妈的胃肠功能恢复之后，就需要及时均衡地补充多种营养成分了，否则可能会造成营养不良。

新妈妈可以适当吃些蔬菜、水果、蛋类、肉类、豆类及豆制品、奶类及奶制品等，要注意合理搭配膳食，营养全面吸收。

在小米粥中加入一些花生、小麦，既美味又营养。

不宜饮用茶水

虽然茶水也是一种很好的饮品，但不适宜新妈妈饮用。这是因为茶水中含有大量鞣酸，它可以与食物中的铁相结合，影响肠道对铁的吸收，而新妈妈因为分娩或多或少都会失血，饮用茶水极易导致新妈妈发生产后贫血。

此外，新妈妈在分娩之后体力消耗很大，身体气血双虚，应该注意补血及保持良好的睡眠，以尽快恢复体力。而茶水中含有一定量的咖啡因，饮用后会刺激大脑使其过度兴奋而不容易入睡，影响新妈妈的睡眠，不利于身体恢复。同时，茶水里的咖啡因还可以通过乳汁进入宝宝体内，使宝宝发生肠痉挛，出现无理由啼哭的现象。

其实，新鲜果汁及高汤是新妈妈最好的饮品，既富含维生素，又富含矿物质，可以促进新妈妈身体恢复，特别是夏天坐月子的新妈妈。

一周私房
月子餐

1

产后第1天

顺产关键点

别着凉

关注体温

半小时可开奶

剖宫产关键点

去枕平卧

多翻身

排气后再进食

牛奶红枣粥

营养功效：牛奶营养丰富，含有丰富的蛋白质、维生素和矿物质，特别是含有较多的钙，红枣可补血补虚，对产后初期的新妈妈来说，是一道既营养又美味的粥品。

原料：大米50克，牛奶250毫升，红枣2颗。

做法：

1 红枣洗净，取出枣核备用。

2 大米洗净，用清水浸泡30分钟。

3 锅内加入清水，放入淘洗好的大米，大火煮沸后，转小火煮30分钟，至大米绵软。

4 再加入牛奶和红枣，小火慢煮至牛奶烧开，粥浓稠即可。

生化汤

营养功效：这款生化汤具有活血散寒的功效，可缓解产后血瘀腹痛、恶露不净，对脸色青白、四肢不温的虚弱妈妈，有很好的调养和温补的功效。

原料：金当归24克，川芎9克，去皮尖的桃仁6克，黑姜、炙甘草各2克，黄酒适量。

做法：

1 将金当归、桃仁、川芎、黑姜、炙甘草和水以1:10的比例共同煎煮，调入适量黄酒。

2 所有原料用小火煮30分钟，取汁去渣。

3 温热服用。

什菌一品煲

营养功效：这款素的什菌汤味道香浓，有利于放松因疼痛而变得异常敏感和紧绷的神经，具有很好的开胃作用，很适合产后虚弱、食欲不佳的新妈妈食用。

原料：干香菇 30 克，猴头菌、草菇、平菇、白菜心各 50 克，素高汤、葱段、盐各适量。

做法：

1 干香菇泡发后洗净，切去蒂部，划出花刀；平菇洗净切去根部；猴头菌和草菇洗净后切开；白菜心掰开成单片。

2 锅内放入清水或素高汤、葱段，大火烧开。

3 再放入香菇、草菇、平菇、猴头菌、白菜心，大火烧开，转小火煲 20 分钟，加盐调味即可。

薏米红枣百合汤

营养功效：百合中含有百合苷，有镇静和催眠的作用，新妈妈得到充分的休息，宝宝也会睡得安稳踏实。红枣则是天然的补血上品。

原料：薏米 100 克，鲜百合 20 克，红枣 4 颗。

做法：

1 将薏米淘洗干净，放入清水中浸泡 4 小时。

2 鲜百合洗净，掰成片。

3 红枣洗净，备用。

4 将泡好的薏米和清水一同放入锅内，用大火煮开后，转小火煮 1 小时。

5 1小时后，把鲜百合和红枣放入锅内，继续煮 30 分钟即可。

鲜奶糯米桂圆粥

营养功效：桂圆补气养神，糯米有补虚、补血、健脾暖胃、止汗等作用，红糖有暖胃的效果，这道粥品对产后新妈妈的身体很有益处。

原料：糯米 50 克，桂圆 4 颗，鲜牛奶 250 毫升，红糖适量。

做法：

1 糯米、桂圆洗好后，清水浸泡 1 小时。

2 将糯米、桂圆和泡米水放入锅中，加适量水，大火煮沸后换小火煮 20 分钟。

3 然后放入鲜牛奶，小火煮 10 分钟；最后放入红糖即可。

产后第 2 天

2

顺产关键点

多休息

关注阴道出血量

按时排便

剖宫产关键点

护理好伤口

不要吃太饱

按摩手脚

山药粥

营养功效：山药可以健脾胃，产后患有胃肠疾病的新妈妈宜多食。产后常食山药粥还具有补气的作用，气虚的新妈妈可经常食用。

原料：大米 50 克，山药 30 克，白糖适量。

做法：

1 将大米洗净，用清水浸泡30分钟。

2 将山药洗净，削皮后切成块。

3 锅内加入清水，将山药放入锅中，加入大米，同煮成粥。

4 待大米绵软，再加白糖煮片刻即可。

紫菜鸡蛋汤

营养功效：紫菜中丰富的胆碱成分，有增强记忆的作用，还有很好的利尿作用。此汤品清淡可口，符合新妈妈饮食要清淡的原则。

原料：鸡蛋 1 个，紫菜 10 克，虾皮、葱花、盐、香油各适量。

做法：

1 先将紫菜切（撕）成片状；鸡蛋打匀成蛋液，在蛋液里放一点盐，搅匀，备用。

2 锅里倒入清水，待水煮沸后放入虾皮略煮，再倒入鸡蛋液，搅拌成蛋花；放入紫菜，用中火再继续煮 3 分钟。

3 出锅前放入盐调味，撒上葱花，淋入香油即可。

西红柿面片汤

营养功效：具有滋阴清火的作用，对新妈妈大便秘结、血虚体弱、头晕乏力等，有一定疗效。

原料：西红柿1个，面片50克，高汤、盐、香油各适量。

做法：

1 西红柿去皮、切块。

2 油锅炒香西红柿，加入高汤烧开，加入面片。

3 煮3分钟后，加盐、香油调味即可。

花生红枣小米粥

营养功效：将花生与红枣配合食用，既可补虚，又能补血，还可以使产后妈妈虚寒的体质得到调养，帮助恢复体力。

原料：小米100克，花生50克，红枣4颗。

做法：

1 小米、花生洗净，用清水浸泡30分钟，备用。

2 红枣洗净，去掉枣核，备用。

3 将小米、花生、红枣一同放入锅中，加清水以大火煮沸，转小火将小米、花生煮至完全熟透后即可。

香油猪肝汤

营养功效：由小火煎过的香油温和不燥，有促进恶露代谢、增加子宫收缩的功效。猪肝还可以为产后贫血的新妈妈补血补铁。

原料：猪肝100克，香油、米酒、姜片各适量。

做法：

1 猪肝洗净擦干，切成1厘米厚的薄片备用。

2 锅内倒香油，小火烧至油热后加入姜片，煎到浅褐色。

3 再将猪肝放入锅内大火快速煸炒，煸炒5分钟后，将米酒倒入锅中；米酒煮开后，取出猪肝。

4 米酒用小火煮至完全没有酒味为止，再将猪肝放回锅中即可。

3
产后第3天

枸杞红枣粥

营养功效：枸杞子、红枣和红糖都有补养身体、滋润气血的功效，对有气血不足、脾胃虚弱、失眠、恶露不净等症状的产后妈妈来说，是极佳补品。

原料：枸杞子 10 克，红枣 5 颗，大米 50 克，红糖适量。

做法：

1 将枸杞子洗净，除去杂质。

2 红枣洗净，除去核；将大米淘洗干净。

3 将枸杞子、红枣和大米放入锅中，加水 600 毫升，用大火烧沸。

4 再用小火煮 30 分钟，加入红糖调匀即可。

豆浆莴苣汤

营养功效：豆浆营养丰富，易于消化吸收，可以滋阴润燥，补虚增乳。妈妈进补顺利，宝宝发育就会更好。

原料：莴苣 100 克，豆浆 200 毫升，姜片、葱段、盐各适量。

做法：

1 将莴苣茎洗净去皮，切成 4 厘米长、1 厘米宽的条；莴苣叶切成段。

2 将锅置火上，倒入油烧至六成热时放姜片、葱段稍煸炒出香味。

3 放入莴苣条、盐，大火炒至断生。

4 去姜片、葱段，将莴苣叶放入，并倒入豆浆，大火煮至熟透即可。

面条汤卧蛋

营养功效：面条是北方新妈妈坐月子必备的食物，放入鸡蛋和羊肉、菠菜，其清淡鲜美的味道，会唤起新妈妈的食欲，也能快速补充体力。

原料：细面条100克，羊肉50克，鸡蛋1个，葱丝、姜丝、酱油、香油、盐、菠菜叶各适量。

做法：

1 将羊肉切丝，并用酱油、盐、葱丝、姜丝和香油拌匀腌一会儿。

2 锅中烧开适量水，下入细面条，待水将开时，将鸡蛋打破整个卧入汤中并转小火烧开。

3 待鸡蛋熟、细面条断生时，加入羊肉丝和菠菜叶略煮即可。

珍珠三鲜汤

营养功效：鸡肉的脂肪含量少，铁、蛋白质和维生素的含量却很高，容易消化，有益五脏；胡萝卜中特别的营养素——β-胡萝卜素，对补血极为有益。

原料：鸡胸肉100克，鸡蛋1个，胡萝卜丁、嫩豌豆、西红柿丁各50克，盐、水淀粉各适量。

做法：

1 鸡胸肉洗净后剁成肉泥；鸡蛋取蛋清备用。

2 把蛋清、鸡肉泥、水淀粉放在一起搅拌。

3 将嫩豌豆、胡萝卜丁、西红柿丁放入锅中，加清水，待煮沸后改成小火慢炖至豌豆绵软。

4 用筷子把鸡肉拨进锅内，拨成珍珠大小的丸子，待拨完后用大火将汤再次煮沸，出锅前放盐调味。

红薯粥

营养功效：红薯可益气通乳、润肠通便。红薯中含有大量维生素A，可以预防宝宝由于维生素A缺乏所导致的眼部疾病。红薯不但营养丰富，还是低脂肪、低热量食物，有利于产后瘦身。

原料：新鲜红薯100克，大米50克。

做法：

1 将红薯洗净，带皮切成块。

2 大米洗净，用清水浸泡30分钟。

3 将泡好的大米和红薯块放入锅内，大火煮沸后，转小火继续煮，煮成浓稠的粥即可。

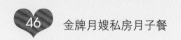

产后第 4 天

西蓝花鹌鹑蛋汤

营养功效：鹌鹑蛋是一种很好的滋补品，可补五脏、通经活血、强身健脑、补益气血。

原料：西蓝花 100 克，鹌鹑蛋 4 个，鲜香菇 5 朵，火腿、西红柿各 50 克，盐适量。

做法：

1 西蓝花切小朵洗净，放入沸水中烫 1 分钟。

2 鹌鹑蛋煮熟剥皮；鲜香菇去蒂洗净；火腿切成小丁；西红柿洗净，切块，备用。

3 鲜香菇、火腿丁放入锅中，加清水大火煮沸，转小火再煮 10 分钟。

4 把鹌鹑蛋、西蓝花、西红柿放入锅中，再次煮沸，加盐调味。

红小豆黑米粥

营养功效：黑米有滋阴补肾、补胃暖肝、明目活血的功效，还可以帮助产后妈妈治疗头晕目眩、贫血等症。

原料：红小豆、黑米各 50 克，大米 20 克，莲子、花生各 10 克。

做法：

1 红小豆、黑米、大米分别洗净后，用清水浸泡 2 小时；莲子去心。

2 将浸泡好的红小豆、黑米、大米，以及莲子、花生放入锅中，加入足够量的水，用大火煮开。

3 转小火再煮至红小豆开花，黑米、大米熟透后即可。

顺产关键点

勤喝水

避免寒凉

静养

剖宫产关键点

热敷伤口

活动手脚

变换姿势睡觉

黄花豆腐瘦肉汤

营养功效：黄花菜具有清热除烦、利水消肿、止血下乳的作用，与富含蛋白质的豆腐和滋阴润燥的猪瘦肉同食，补气、生血、催乳的功效显著。

原料：猪瘦肉 100 克，黄花菜 10 克，豆腐 150 克，盐适量。

做法：

1 将黄花菜用水泡软、洗净。

2 猪瘦肉洗净，切小块；将豆腐切成大块，备用。

3 将黄花菜和猪瘦肉一起放入锅中，加入适量水，用大火煮沸。

4 然后再改用小火煲 1 小时。

5 放入豆腐煲 10 分钟，加盐调味即可。

胡萝卜小米粥

营养功效：小米是色氨酸含量很高的食物，具有安神助眠的作用。睡前半小时适量进食小米粥，能使新妈妈更好地入睡。

原料：胡萝卜半根，小米 100 克。

做法：

1 胡萝卜洗净，切成 1 厘米见方的丁，备用。

2 小米洗净，备用。

3 将胡萝卜丁和小米一同放入锅内，加清水，大火煮沸。

4 转小火煮至胡萝卜丁绵软，小米开花即可。

鲢鱼丝瓜汤

营养功效：丝瓜具有通经络、行血经的功效；鲢鱼有温中益气的作用。此汤两物相配，具有补中益气、生血通乳的作用。

原料：鲢鱼 1 条，丝瓜 200 克，葱段、姜片、白糖、盐、料酒各适量。

做法：

1 鲢鱼去鳞、鳃、内脏，洗净后备用。

2 丝瓜去皮，洗净，切成 4 厘米长的条，备用。

3 鲢鱼放锅中，再加料酒、白糖、姜片、葱段后，放清水，开大火煮沸。

4 转小火慢炖 10 分钟后，加入丝瓜条。

5 煮至鲢鱼、丝瓜熟透后，拣去葱段、姜片，加盐调味即成。

产后第5天

顺产关键点

勤洗澡

衣服宽松

每天泡脚

剖宫产关键点

每天1根香蕉

少用止疼药

检查伤口愈合情况

干贝冬瓜汤

营养功效：冬瓜的营养价值很高，特别是维生素C的含量是鸡肉、牛肉的3倍；干贝有稳定情绪的作用；吃些天然食物来对抗抑郁，对妈妈和宝宝来说都是安全的。

原料：冬瓜150克，干贝50克，盐、料酒各适量。

做法：

1 冬瓜削皮，去子，洗净后切成片备用；干贝洗净，浸泡30分钟，去掉老肉。

2 干贝放入瓷碗内，加入料酒、清水，清水以没过干贝为宜，隔水用大火蒸30分钟。

3 干贝晾凉后撕成丝；冬瓜片、干贝丝放入锅内，加水煮15分钟。

4 出锅时加入适量盐即可。

葡萄干苹果粥

营养功效：苹果含丰富的锌，锌是构成核酸及蛋白质不可或缺的元素，多吃苹果可以促进大脑发育，增强记忆力。

原料：大米50克，苹果1个，葡萄干20克，蜂蜜适量。

做法：

1 大米洗净沥干，备用。

2 苹果洗净去皮，切成小方丁，要立即放入清水锅中，以免氧化后变成黑色。

3 锅内放入大米，与苹果一同煮沸，改用小火煮40分钟。

4 食用时加入蜂蜜、葡萄干，搅拌均匀即可。

冬笋雪菜黄花鱼汤

营养功效：黄花鱼有健脾和胃、益气填精之功效，对产后抑郁症有良好的抗击作用。良好的精神状态是保证母乳质量的前提。

原料：黄花鱼 1 条，冬笋、雪菜各 30 克，葱段、姜片、盐、料酒各适量。

做法：

1. 先将黄花鱼去鳞、内脏，一定要去掉鱼腹部的黑膜，否则鱼会很腥。用料酒腌 20 分钟后备用。

2. 泡发好的冬笋切片；雪菜洗净，切段；油烧热，将黄花鱼两面各煎片刻。

3. 锅中加清水，放入冬笋片、雪菜、葱段、姜片，先用大火烧开，后改用中火煮 15 分钟。

4. 出锅前放盐，拣去葱段、姜片。

香蕉百合银耳汤

营养功效：香蕉对失眠或情绪紧张有一定的疗效，因为香蕉富含色氨酸和维生素 B_6，它们是合成血清素的重要成分，具有安抚神经的效果。

原料：干银耳 10 克，鲜百合 50 克，香蕉 1 根，冰糖 10 克。

做法：

1. 干银耳用清水浸泡 2 小时，择去老根及杂质，撕成小朵。

2. 银耳放入瓷碗中，以 1∶4 的比例加入清水，放入蒸锅内隔水蒸 30 分钟后，取出备用。

3. 新鲜百合剥开，洗净去老根。

4. 香蕉去皮，切成 1 厘米厚的片。

5. 将蒸好后的银耳、百合、香蕉片一同放入锅中，加清水，用中火煮 10 分钟，最后用冰糖调味。

鱼头海带豆腐汤

营养功效：胖头鱼富含磷脂和可改善记忆力的脑垂体后叶素，特别是其头部的脑髓中含量很高。

原料：胖头鱼鱼头 200 克，海带、豆腐各 100 克，鲜香菇 5 朵，葱段、姜片、盐、料酒各适量。

做法：

1. 将胖头鱼鱼头处理干净；香菇洗净，切十字花刀；豆腐切块；海带洗净切段。

2. 将鱼头、香菇、葱段、姜片、料酒放入锅内，加适量清水，开大火煮沸后撇去浮沫；改用小火炖至鱼头快熟时，拣去葱段和姜片。

3. 放入豆腐块和海带段，继续用小火炖至豆腐和海带熟透；放入少许盐调味，稍炖片刻即可。

产后第6天

顺产关键点

温水刷牙

注意腰部保暖

预防乳腺炎

剖宫产关键点

拆线前擦浴

拆线后再出院

定时查看恶露

虾仁馄饨

营养功效：胡萝卜有益肝明目的作用，虾仁含有丰富的蛋白质，且通乳作用较强。

原料：鲜虾仁 30 克，猪肉 50 克，胡萝卜 15 克，盐、香菜、香油、葱、姜、馄饨皮各适量。

做法：

1 将鲜虾仁、猪肉、胡萝卜、葱、姜放在一起剁碎，加入油、盐拌匀。

2 把做成的馅料分成 8~10 份，包入馄饨皮中。

3 将包好的馄饨放在沸水中煮熟。

4 将馄饨盛入碗中，再加盐、香菜、葱末、香油调味即可。

蛤蜊豆腐汤

营养功效：蛤蜊含有蛋白质、脂肪、铁、钙、磷、碘等，可以帮助新妈妈抗压舒眠。

原料：蛤蜊 200 克，豆腐 100 克，葱花、姜片、盐、香油各适量。

做法：

1 在清水中滴入少许的香油，将蛤蜊放入，让蛤蜊彻底吐净泥沙，冲洗干净，备用。

2 豆腐切成 1 厘米见方的小丁。

3 锅中放水、盐和姜片煮沸，把蛤蜊和豆腐丁一同放入。

4 转中火继续煮，待蛤蜊张开壳，豆腐熟透后即可关火，撒上葱花。

芦笋炒肉丝

营养功效：这道菜既能美颜瘦身又能提高免疫力，还可促进乳汁分泌。

原料：猪瘦肉60克，芦笋40克，胡萝卜30克，葱丝、盐、白糖各适量。

做法：

1 猪瘦肉切丝备用；芦笋洗净、切段；胡萝卜洗净、切条。

2 锅中烧开水，放入芦笋和胡萝卜焯一下捞出备用。

3 炒锅中加入油，煸香葱丝，再倒入肉丝煸炒。

4 肉丝炒至变色后倒入芦笋和胡萝卜一起翻炒几下，加入盐、白糖调味即可。

银鱼苋菜汤

营养功效：银鱼富含蛋白质、钙、磷，可滋阴补虚。宝宝缺钙、缺磷等会引起骨骼、牙齿发育不正常，易导致骨质疏松、食欲缺乏等症状。妈妈多吃含磷的鱼肉，可让宝宝更健康。

原料：银鱼100克，苋菜200克，蒜末、姜末、盐各适量。

做法：

1 银鱼洗净，沥干水分，备用。苋菜洗净，切成3厘米长的段，备用。

2 锅中倒入少许油烧热，把蒜末和姜末爆香后，放入银鱼快速翻炒一下。

3 再加入苋菜段，炒至微软。

4 锅内加入清水，大火煮5分钟。

5 出锅前放入盐调味即可。

鸡蓉玉米羹

营养功效：玉米中含有较多的谷氨酸，它能帮助和促进脑细胞新陈代谢，调整神经系统功能。玉米中的谷氨酸还有助于宝宝大脑发育。

原料：鸡胸肉100克，鲜玉米粒50克，鸡蛋1个，盐适量。

做法：

1 将鲜玉米粒洗净，备用；鸡胸肉洗净，切成与玉米粒大小相同的丁。把鸡蛋打成蛋液，备用。

2 把鲜玉米粒、鸡肉丁放入锅内，加入清水大火煮开，并撇出浮沫。

3 加盖转中火再煮30分钟。

4 将打好的蛋液沿着锅边倒入，一边倒入一边搅动。

5 开大火将蛋液煮熟，放盐调味。

产后第7天

顺产关键点

勤换衣服

穿软底拖鞋

不要站立时间过长

剖宫产关键点

勿劳累

穿大号内裤

勿用手揭瘢痕

鱼头香菇豆腐汤

营养功效：鲤鱼富含磷脂，可帮助新妈妈改善记忆力。

原料：鲤鱼鱼头 1 个，豆腐 100 克，鲜香菇 5 朵，葱段、姜片、盐、料酒各适量。

做法：

1 将鲤鱼鱼头去鳃，由下巴处用刀切开，冲洗干净后沥去水分；香菇洗净，切十字花刀；豆腐切块。

2 锅内放水烧沸，将鱼头略烫一下。

3 将鱼头、香菇、葱段、姜片、料酒和清水放入锅内，开大火煮沸后撇去浮沫，加盖，改用小火炖至鱼头快熟时，放入豆腐，继续用小火炖至豆腐熟透，最后加盐即可。

荔枝粥

营养功效：荔枝肉含丰富的维生素 C 和蛋白质，有助于增强机体免疫功能，提高抗病能力，荔枝对大脑组织有补养作用，能明显改善失眠与健忘。

原料：干荔枝 50 克，红枣 2 颗，大米 100 克。

做法：

1 将大米淘洗干净，用清水浸泡 30 分钟。

2 干荔枝去壳取肉，用清水洗净，备用；红枣洗净。

3 将大米、红枣与干荔枝肉同放锅内，加清水，用大火煮沸。

4 转小火煮至米烂粥稠即可。

三丁豆腐羹

营养功效：豆腐中丰富的大豆卵磷脂有益于神经、血管、大脑的发育。宝宝大脑发育在0~3岁时极为旺盛，妈妈不要错过了这个给宝宝补脑的黄金时期。

原料：豆腐100克，鸡胸肉、西红柿、鲜豌豆各50克，盐、香油各适量。

做法：

1 将豆腐切成丁，在沸水中煮1分钟。

2 鸡肉洗净，西红柿洗净去皮，都切成小丁。

3 将豆腐丁、鸡肉丁、西红柿丁、豌豆放入锅中，大火煮沸后，转小火煮20分钟。

4 出锅时加入盐，淋上香油即可。

三丝黄花羹

营养功效：丰富的食材选择，会使妈妈的乳汁营养丰富，供给宝宝的营养也会更全面。

原料：干黄花菜50克，鲜香菇5朵，冬笋、胡萝卜各25克，盐、白糖各适量。

做法：

1 将干黄花菜放入温水中泡软，拣去老根洗净，沥干水。

2 鲜香菇、冬笋、胡萝卜均洗净，切丝。

3 锅内放油烧至七成热，放入黄花菜和冬笋、香菇、胡萝卜三丝快速煸炒。

4 加入清水、盐、白糖，用小火煮至黄花菜入味，三丝完全熟透。

腐竹玉米猪肝粥

营养功效：猪肝中含有的铁，是人体制造血红蛋白的基本原料；猪肝中含有维生素 B_2，是治疗产后贫血的良药。妈妈贫血会导致宝宝营养不良，发育迟缓。

原料：鲜腐竹、玉米粒、大米各50克，猪肝100克，盐适量。

做法：

1 鲜腐竹洗净，切成约3厘米长的段，备用；猪肝洗净，在热水中稍烫一下后冲洗干净，切薄片，用少许盐腌制调味，备用。

2 大米洗净，浸泡30分钟；将鲜腐竹、大米、玉米粒放入锅中，大火煮沸后，转小火慢炖1小时。

3 将猪肝放入，转大火再煮10分钟，出锅前放少许盐调味即可。

Part3

产后第 2 周

新妈妈的身体变化

乳房：注意清洁

宝宝的"粮袋"——乳房的保健是非常重要的。产后首先要做的是保持乳房的清洁，新妈妈必须经常清洁乳房，每次喂奶之前，都要把乳房擦洗干净。

胃肠：不适应油腻汤水

产后第 2 周，胃肠已经慢慢适应产后的状况了，但是对非常油腻的汤水和食物多少还有些不适应。新妈妈不妨荤素搭配来吃，慢慢增强脾胃功能。

子宫：恢复原状

在分娩刚刚结束时，子宫颈因充血、水肿，会变得非常柔软，子宫颈壁也很薄，皱起来如同一个袖口，1 周之后才会恢复到原来的形状，第 2 周时子宫颈内口会慢慢关闭。

伤口及疼痛：仍有撕裂感

侧切和剖宫产术后的伤口在这一周内还会隐隐作痛，下床走动时、移动身体时都有撕裂的感觉，但是力度没有第 1 周时强烈，还是可以承受的。

恶露：明显减少

这一周的恶露明显减少，颜色也由暗红色变成了浅红色，有点血腥味但不臭，新妈妈要留心观察恶露的质、量、颜色及气味的变化，以便掌握子宫复原情况。

产后第 2 周饮食宜忌

经过前 1 周的调养和适应，新妈妈的体力慢慢恢复，月嫂建议第 2 周增加一些补养气血、滋阴、补阳气的温和食材来调理身体。

宜循序渐进催乳

新妈妈产后的食疗，应根据生理变化特点循序渐进，不宜操之过急。尤其是刚刚生产后，胃肠功能尚未恢复，乳腺才开始分泌乳汁，乳腺管还不够通畅，不宜大量食用油腻的催乳食物。在烹调中少用煎炸方法，多取易消化的带汤的炖菜；食物要以清淡为宜，遵循"产前宜清，产后宜温"的原则；少食寒凉食物，避免进食影响乳汁分泌的麦芽等。

宜选择优质蛋白

产后第 2 周回到家中，看护宝宝的工作量增加，体力消耗较前一周大，伤口开始愈合。饮食上应注意多补充优质蛋白质，但仍需以鱼类、虾、蛋、豆制品为主，可比上一周增加些排骨、瘦肉类。本周食谱应多注意口味方面的调节，预防厌食，晚餐的粥类可做些咸鲜口味的，如皮蛋瘦肉粥等。

宜补充钙质

因为 0~6 个月的宝宝骨骼形成所需要的钙完全来源于妈妈，产后妈妈消耗的钙量要远远大于普通人。为了满足宝宝发育需要，产后妈妈应及时补钙。可多吃些乳酪、海米、芝麻或芝麻酱、西蓝花及紫甘蓝等，在家里也要争取多晒太阳。

宜利水消肿

虽说每天的小便量也很多，但是总觉得身上还是肿肿的，消水利肿也成为产后妈妈初期保健的一个重要任务。应多补充些利于消肿的食物，同时还应注意食物的属性，尽量减少食用寒凉性的食物。

宜吃银耳助产后排毒

银耳具有补肾、润肠、益胃、补气、强心的功效。银耳富含天然特性胶质，且具有滋阴作用，还有祛除脸部黄褐斑、雀斑的功效。银耳还是一种富含膳食纤维的减肥食物，它的膳食纤维可帮助胃肠蠕动，减少脂肪吸收，对于产后便秘的新妈妈会有一定的帮助。

宜多吃补血食物

进入月子的第 2 周，新妈妈的伤口基本上愈合了，胃口也明显好转。从第 2 周开始，可以尽量吃一些补血食物，以调理气血，促进内脏收缩，如猪心、红枣、猪蹄、花生、枸杞子等。

颜色丰富的食物会让新妈妈胃口大开。

宜连汤带肉一起吃

产后适当多喝一些鸡汤、鱼汤、排骨汤、豆腐汤等，确实可促进乳汁分泌。但同时也要吃肉，因为很多营养都在肉里，只喝汤不吃肉会影响身体对营养的摄取。

宜多吃豆制品

豆制品已被世界公认为健身益智的最佳食物。它不但味道鲜美，而且对大脑发育有着特殊功能。大豆就是我们平时所说的黄豆，它所含的蛋白质很高，比鸡蛋高 3.5 倍，比牛肉高 2 倍，比牛奶高 1.3 倍；更重要的是，大豆本身含有人体所必需的而又不能在体内合成的多种氨基酸。所以，哺乳妈妈要多吃豆制品，这能够促进宝宝脑细胞内部结构的旺盛生长，从而提高宝宝的智力。

宜适量吃山楂

老人们说山楂有刺激作用，产后不宜吃。其实山楂对子宫有兴奋作用，可刺激子宫收缩，促进子宫内瘀血的排出，减轻腹痛。产后妈妈由于过度劳累，往往食欲缺乏、口干舌燥，如果适当吃些山楂，能够促进食欲、帮助消化，有利于身体康复。

宜荤素搭配补锰

锰也是宝宝健康发育的重要元素，含锰较多的食物有核桃、榛子、胡萝卜、菠菜等。需要注意的是，植物性食物中的锰元素，人体吸收及利用率不高，而动物性食物如鱼、肉、蛋、奶等，其锰含量虽不高，但易被人体吸收和利用。因此，在平时饮食中要注意荤素搭配。

连汤带肉一起吃，营养会更全面、更均衡。

不宜暴饮暴食

虽然在产后第 2 周新妈妈的胃口要比之前好了很多，但也要控制食量，绝不能暴饮暴食。暴饮暴食只会让新妈妈的体重增加，造成肥胖，对身体恢复没有一点好处。对于哺乳妈妈而言，如果奶水不充足，食量可以比孕期稍微增加一些，但最好不要超过 1/5 的量。如果新妈妈的泌乳量正常，能够满足宝宝所需，则进食量应该与孕期持平。

不宜过多食用燥热的补品、药膳

产后第 2 周，家人通常都会给新妈妈大补特补，新妈妈少不了要吃一些燥热的补品、药膳，此时切记不能过量。食用过多会导致新妈妈上火，引起内热，还会打乱身体的饮食平衡，引发一些疾病，影响新妈妈的产后恢复。因此，新妈妈在食用补品、药膳的时候一定不能过量。

不宜多吃味精

味精的主要成分是谷氨酸钠，会通过乳汁进入宝宝体内，与宝宝血液中的锌发生特异性结合，生成不能被吸收利用的谷氨酸，随尿液排出体外。这样会导致宝宝缺锌，出现味觉减退、厌食等症状，还会造成智力减退、生长发育迟缓、性晚熟等不良后果。新妈妈在整个哺乳期或至少在 3 个月内应少吃或不吃味精。

不宜吃过多的巧克力

巧克力是一种以可可浆和可可脂为主要原料制成的甜食，所含有的可可碱成分在医药上具有利尿、兴奋心肌、舒张血管、松弛平滑肌等作用。它会随着哺乳进入宝宝的体内，损害宝宝的神经系统和心脏，导致宝宝睡眠不稳、哭闹不停等。

另外，市面上销售的巧克力含糖量都很高，多吃不仅对牙齿不好，而且会导致血糖升高，对有糖尿病的新妈妈来说是十分不利的。再则，巧克力是一种高热量食物，但其中蛋白质含量偏低，脂肪含量偏高，不含膳食纤维，会影响胃肠道的消化吸收功能，营养成分的比例也不符合宝宝生长发育的需要。

巧克力蛋糕含糖量高、热量高，新妈妈要少吃。

不宜吃煎蛋和生蛋

　　食用鸡蛋要讲究方法，才能使营养成分被充分吸收。生鸡蛋不可以吃，因为它难消化，易受细菌感染，有损健康；鸡蛋煮得过老，使蛋白质结构紧密而不易消化，吃了这样的鸡蛋，会使新妈妈脾胃不适，产生打嗝、烦躁不安的情况；煎鸡蛋最好不要吃，因为高温会使蛋白质变质。

不宜总在汤菜里加酒

　　月子里很多汤水的原料都是肉类，加入酒可以去腥解腻。但酒有活血的作用，每顿饭菜都加酒，可能会导致新妈妈子宫收缩不良，恶露淋漓不净。

不宜过量食醋

　　有的新妈妈为了迅速瘦身，就喝醋减肥。其实这样做并不好。因为新妈妈身体还比较弱，需要有一个恢复过程，在此期间极易受到损伤，酸性食物会损伤牙齿，给新妈妈日后留下牙齿易于酸痛的隐患。食醋中含醋酸 3%~4%，若仅作为调味品食用，与牙齿接触的时间很短，不至于在体内引起什么不良作用，还可以促进食欲。所以，醋作为调味品食用，就不必过分禁忌。

以适量坚果作为零食，可补充多种营养。

不宜吃不健康零食

　　怀孕前的女性如有吃零食的习惯，在哺乳期内要谢绝零食的摄入。大部分零食都含有较多的盐和糖，有些还是高温油炸过的，并加有大量的食用色素。对于这些零食，新妈妈要退避三舍，避免食用后对宝宝的健康产生不必要的伤害。

不宜吃刚从冰箱里拿出来的食物

　　宝宝对寒凉食物的反应也比较敏感，哺乳妈妈吃了寒凉的食物，如刚从冰箱里拿出来的水果、饮料等，极易引起宝宝腹泻。产后新妈妈体质虚寒，也不宜吃生冷食物。新妈妈饮食合理，宝宝才会有健康的身体，所以新妈妈要适当地牺牲一下自己的"小偏好"，为宝宝的健康着想。

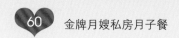
一周私房
月子餐

产后第8天

顺产关键点

不要睡凉席

睡觉勿吹风

头发要干净清爽

剖宫产关键点

伤口勿感染

腹部忌用力

排便要通畅

玉米香菇虾肉饺

营养功效：虾肉软烂易消化吸收，可滋阴、强体、养胃，同时，虾肉中放入丰富的动、植物食材还能大大刺激新妈妈的食欲。

原料：饺子皮20个，猪肉150克，香菇3朵，虾5只，玉米棒半个，胡萝卜1/4根、盐、泡香菇水各适量。

做法：

1 玉米棒剥取玉米粒；胡萝卜切小丁；香菇泡后切小丁；去壳的虾切丁。

2 将猪肉和胡萝卜一起剁碎；放入香菇丁、虾丁、玉米粒，搅拌均匀；再加入盐、泡香菇水制成肉馅。

3 饺子皮包上肉馅，下入开水锅中煮熟即可。

冰糖五彩玉米羹

营养功效：玉米中含有丰富的营养元素和膳食纤维，有健脾开胃功效，可以帮助产后妈妈缓解便秘。

原料：嫩玉米粒100克，鸡蛋2个，豌豆30克，菠萝20克，冰糖、水淀粉各适量。

做法：

1 将嫩玉米粒蒸熟；菠萝洗净，切丁；豌豆洗净。

2 锅中加入适量水，放入菠萝丁、豌豆、玉米粒、冰糖，同煮5分钟，用水淀粉勾芡，使汁变浓。

3 将鸡蛋打散，入沸水锅内成蛋花，烧开后即可食用。

益母草木耳汤

营养功效：益母草有生新血去瘀血的作用；木耳含有丰富的植物胶原成分，它具有较强的吸附作用，是新妈妈排出体内毒素的好帮手。

原料：益母草、枸杞子各 10 克，木耳 20 克，冰糖适量。

做法：

1 益母草洗净后用纱布包好，扎紧口，备用；木耳用清水泡发后，去蒂洗净，撕成碎片，备用；枸杞子洗净，备用。

2 锅置火上，放入清水、益母草药包、木耳、枸杞子用中火煎煮 30 分钟。

3 出锅前取出益母草药包，放入冰糖调味即可。

猪排炖黄豆芽汤

营养功效：猪排为滋补强身、营养催乳的佳品，可缓解产后妈妈频繁喂奶的疲劳。

原料：猪排 150 克，鲜黄豆芽 50 克，葱段、姜片、盐各适量。

做法：

1 将猪排洗净后，切成 4 厘米长的段，放入沸水中焯去血沫。

2 砂锅内放入热水，将猪排、葱段、姜片一同放入锅内，小火炖 1 小时。

3 之后放入黄豆芽，用大火煮沸，再用小火炖 15 分钟，放入适量盐调味即可。

什锦面

营养功效：什锦面营养均衡，含有多种营养素和膳食纤维，易于消化。

原料：面条 100 克，肉馅 50 克，胡萝卜半根，香菇 1 朵，豆腐 1 块，鸡蛋 1 个，海带 1 片，香油、盐、鸡骨头各适量。

做法：

1 鸡骨头和洗净的海带一起熬汤；香菇、胡萝卜洗净，切丝；豆腐洗净切条。

2 在肉馅中加入蛋清后将其揉成小丸子，在开水中烫熟。

3 把面条放入熬好的汤中煮熟，放入香菇丝、胡萝卜丝、豆腐条和小丸子煮熟，调入盐、香油即可。

产后第9天

黑芝麻米糊

营养功效：莲子有养心益肾的功效；黑芝麻的含钙量是牛奶的4倍，缺钙的新妈妈可以经常食用。

原料：大米20克，莲子10克，黑芝麻15克，水适量。

做法：

1 将大米洗净，浸泡3小时；莲子、黑芝麻均洗净。

2 将大米、莲子、黑芝麻放入豆浆机中，加水至上下水位线之间，按"米糊"键，加工好后倒出，即可。

西红柿炒鸡蛋

营养功效：鸡蛋营养全面，西红柿富含矿物质和维生素，西红柿炒鸡蛋可开胃健食，非常适合产后新妈妈食用。

原料：西红柿1个，鸡蛋2个，白糖、盐各适量。

做法：

1 西红柿洗净去蒂后，切成块；鸡蛋打入碗内，加入适量盐搅匀，用热油炒散盛出。

2 将油放入锅内，热后放入西红柿和炒散的鸡蛋，搅炒均匀，加入白糖、盐翻炒几下即可。

顺产关键点

不宜久坐

每天保证8小时睡眠

勿长时间用眼

剖宫产关键点

有气就排

避免腹胀

勿食寒凉食物

豆腐馅饼

营养功效：豆腐含有丰富的植物蛋白和钙，容易消化，热量也低，其温和滋润的功效能逐渐唤起新妈妈的食欲。

原料：豆腐1块，面粉1碗，白菜半棵，姜末、葱末、盐各适量。

做法：

1 豆腐抓碎；白菜切碎，挤出水分；豆腐、白菜加入姜末、葱末、盐调成馅。

2 面粉加水调成面团，分成10等份，每份擀成汤碗大的面皮；菜分成5份，两张面皮中间放一份馅；用汤碗一扣，去掉边沿，捏紧即成馅饼。

3 将平底锅烧热，下适量油，将馅饼煎至两面金黄即可。

芹菜牛肉丝

营养功效：此菜具有益气、补血的功效，牛肉和芹菜都含有丰富的铁质，非常适合产后贫血的新妈妈食用。

原料：牛肉 150 克，芹菜 2 棵，酱油、水淀粉、白糖、盐、葱末、姜丝各适量。

做法：

1 牛肉洗净，切小丁，加酱油、水淀粉腌1小时左右；芹菜择叶，去根，洗净，切段。

2 热锅放油，下姜末和葱丝煸香，然后加入腌好的牛肉和芹菜段翻炒，可适当加一点清水。

3 最后放入适量盐和白糖，出锅即可。

芋头排骨汤

营养功效：猪排骨中含有丰富的磷酸钙、骨胶原、骨黏蛋白等，可为妈妈提供大量优质钙。

原料：排骨 150 克，芋头 100 克，葱段、姜片、盐各适量。

做法：

1 芋头去皮洗净，切成2厘米厚的块，上锅隔水蒸15分钟。

2 排骨洗净，切成4厘米长的段，放入沸水中焯烫去血沫后，捞出备用。

3 先将排骨、姜片、葱段放入锅中，加清水，用大火煮沸，转中火焖煮15分钟。

4 小火慢煮45分钟，再加入芋头同煮至熟，加盐调味即可。

10 产后第 10 天

顺产关键点

不宜睡软床

睡觉忌盖过厚

适量运动

剖宫产关键点

预防感冒咳嗽

心情保持舒畅

定时开窗通风

西红柿鸡蛋面

营养功效：西红柿具有生津止渴、健胃消食、补血养血和增进食欲的功效，新妈妈用西红柿做面或汤，可养胃助消化。

原料：西红柿 1 个，鸡蛋 2 个，面条、盐、葱花各适量。

做法：

1 将西红柿洗净，用开水烫一下，去皮，切片，备用；将鸡蛋打入碗中，用筷子充分搅拌，使鸡蛋起泡。

2 锅中放油，油开后放入葱花和鸡蛋液，让蛋液凝成蛋花，盛出；将西红柿倒入锅中炒烂，再将蛋花倒入，翻炒几下，加盐搅匀，盛出。

3 将面条放入沸水中煮熟，后捞入碗中，浇上西红柿鸡蛋卤拌吃。

南瓜油菜粥

营养功效：新妈妈眼睛很脆弱，南瓜富含维生素 A，能帮助新妈妈眼睛尽快恢复产前状态，此粥味道可口，容易消化，还可预防新妈妈便秘。

原料：大米 100 克，南瓜 80 克，油菜 2 棵，盐适量。

做法：

1 南瓜洗净，去皮，去瓤，洗净切成小丁；油菜洗净，切丝。

2 大米淘洗干净，入清水中浸泡 30 分钟。

3 锅中放入浸泡好的大米、南瓜丁、油菜丝，加适量水，加盖煮约 20 分钟至粥熟米烂。

4 最后加盐调味即可。

豆角烧荸荠

营养功效：豆角含多种营养素，对新妈妈产后恢复十分有利；荸荠含胡萝卜素较高，能缓解新妈妈眼睛不适。

原料：豆角 4 根，荸荠 3 个，牛肉 50 克，葱姜汁、盐、水淀粉、高汤各适量。

红枣板栗粥

营养功效：红枣富含维生素 C 和铁，板栗富含碳水化合物及矿物质等，与大米搭配煮粥，对健脑与强身都有很好的作用。

原料：板栗 3 颗，红枣 2 颗，大米 100 克。

清蒸黄花鱼

营养功效：清蒸黄花鱼不仅口味鲜美，而且营养丰富，新妈妈经常食用可健脾开胃、益气安神。

原料：黄花鱼 1 条，料酒、姜片、葱段、盐各适量。

做法：

1 豆角削去外皮，切成片；豆角斜切成段，牛肉切成片，用葱姜汁和盐拌匀腌 10 分钟，再用水淀粉勾芡。

2 锅内放油烧热，下牛肉片用小火炒至变色，下豆角段炒匀，再放入余下的葱姜汁，加高汤烧至微熟。

3 下荸荠片，炒匀至熟，加适量盐，出锅即可。

做法：

1 将板栗煮熟之后去皮，备用。

2 红枣洗净备用。

3 大米洗净，用清水浸泡 30 分钟。

4 将大米、煮熟的板栗、红枣放入锅中，加清水煮沸。

5 转小火煮至所有材料熟透即可。

做法：

1 黄花鱼洗净，抹上盐，将姜片铺在黄花鱼上，淋上料酒，放入锅中大火蒸熟。

2 黄花鱼蒸好后把姜片拣去，腥水倒掉，然后将葱段铺在黄花鱼上。

3 将锅烧热，倒入油烧到七成热，把烧热的油浇到黄花鱼上。

11

产后第 11 天

顺产关键点

避免空调病

注意室内湿度

居室要清洁

剖宫产关键点

防止尿路感染

不要憋尿

预防产后尿潴留

肉末菜粥

营养功效：此粥含有丰富的优质蛋白质、脂肪酸、钙、铁和维生素 C，能促进血液循环，散血消肿，活血化瘀，强健身体。

原料：大米 80 克，猪肉末 50 克，青菜、葱末、姜末、盐各适量。

做法：

1 将大米淘洗干净，放入锅内，加入水，用大火烧开后，转小火煮透，熬成粥。

2 将猪肉末放入锅中炒散，放入葱末、姜末炒匀。

3 将青菜切碎，放入锅中与肉末拌炒均匀。

4 将锅中炒好的肉末和青菜碎放入粥内，加盐调味，稍煮一下即可。

板栗扒白菜

营养功效：白菜富含膳食纤维和多种维生素，板栗含有丰富的维生素和矿物质，两者搭配可以补充产后新妈妈需要的营养。

原料：白菜心 200 克，板栗 100 克，葱段、姜末、水淀粉、盐各适量。

做法：

1 白菜心洗净，切成小片，先放入锅内煸炒；板栗洗净，放入热水锅中煮熟，取出备用。

2 油锅烧热，放入葱段、姜末炒香，接着放入白菜片与板栗，用水淀粉勾芡，加盐调味即可。

胡萝卜菠菜鸡蛋饭

营养功效：胡萝卜菠菜鸡蛋饭富含蛋白质、胡萝卜素、铁、钙等营养素，有利于新妈妈身体的恢复和乳汁质量的提高。

原料：熟米饭 1 碗，鸡蛋 2 个，胡萝卜半根，菠菜、葱末、盐各适量。

做法：

1. 胡萝卜洗净，切丁；菠菜洗净，切碎；鸡蛋打成蛋液。
2. 锅中倒油，放鸡蛋液炒散，盛出备用。
3. 锅中再倒油，放葱末煸香，加入熟米饭、胡萝卜丁、菠菜碎、鸡蛋翻炒 2 分钟，最后加盐调味即可。

鸡丁炒豌豆

营养功效：豌豆不仅有催乳、滋养皮肤的功效，适当食用还对心血管十分有益。鸡胸肉含有大量维生素，非常适合产后滋补身体。

原料：鸡胸肉 80 克，豌豆 50 克，胡萝卜半根，葱段、香油、淀粉、盐各适量。

做法：

1. 胡萝卜去皮，洗净，切成小丁；鸡胸肉洗净，切成小丁，用淀粉上浆，备用。
2. 锅内加香油烧热，放入葱段煸出香味，然后下鸡胸肉丁炒至变色，加入豌豆、胡萝卜丁，用大火快炒至熟，加盐调味即可。

西米猕猴桃粥

营养功效：西米白净滑糯，营养丰富，做成粥后口感爽滑，能够帮助新妈妈提升食欲。

原料：西米 50 克，猕猴桃 100 克，白糖适量。

做法：

1. 西米淘洗干净，用冷水浸泡回软后捞出，沥干水分。
2. 猕猴桃冲洗干净，去皮取瓤，切块。
3. 取锅加入约 500 毫升冷水，放入西米，先用大火烧沸，再改用小火煮半小时。
4. 加入猕猴桃块，再煮 15 分钟，加入白糖即可。

产后第 12 天

顺产关键点

勤换卫生巾

做盆底肌肉练习

便后清洗会阴

剖宫产关键点

食物助伤口愈合

重视心理恢复

小心抑郁情绪

明虾炖豆腐

营养功效：虾营养丰富，肉质松软，易消化，对产后身体虚弱的妈妈是极好的进补食物。虾的通乳作用较强，对产后乳汁分泌不畅的妈妈尤为适宜。

原料：虾、豆腐各 100 克，葱花、姜片、盐各适量。

做法：

1 将虾线挑出，去掉虾须，洗净；豆腐切成小块。

2 锅内放水置火上烧沸，将虾和豆腐块放入烫一下，盛出备用。

3 锅中放入虾、豆腐块和姜片，煮沸后撇去浮沫，转小火炖至虾肉熟透，最后放入盐调味，撒上葱花即可。

三丝木耳

营养功效：猪肉和鸡肉都是高蛋白食物，吸收率很高，蛋白质是乳汁的重要成分，三丝木耳便有补虚增乳的作用。

原料：猪瘦肉丝 100 克，木耳、甜椒丝、鸡肉丝各 20 克，姜丝、蛋清、盐、黄酒、水淀粉、香油各适量。

做法：

1 将木耳放入温水中泡开。

2 猪瘦肉丝和鸡肉丝分别加盐、黄酒、水淀粉和蛋清拌匀。

3 爆香姜丝，放入猪瘦肉丝和鸡肉丝翻炒。

4 炒至肉丝变色时，放入木耳、甜椒丝和少量水，加盐调味。

5 最后用水淀粉勾芡，淋上香油即可。

什锦果汁饭

营养功效：有利于提升乳汁质量，对宝宝成长十分有利，同时，软糯的奶香果汁饭对新妈妈胃肠调理大有裨益。

原料：大米 1 碗，鲜牛奶 250 毫升，苹果丁、菠萝丁、蜜枣丁、葡萄干、青梅丁、碎核桃仁、白糖、番茄沙司、水淀粉各适量。

做法：

1 将大米淘洗干净，加入鲜牛奶、水焖成饭，加白糖拌匀。

2 将番茄沙司、苹果丁、菠萝丁、蜜枣丁、葡萄干、青梅丁、碎核桃仁放入锅内，加水和白糖烧沸，加水淀粉，制成什锦沙司，浇在米饭上即可。

木瓜煲牛肉

营养功效：木瓜具有补虚、通乳的功效，可以帮助产后妈妈分泌乳汁。木瓜中含有特殊的木瓜酵素，对肉类有很强的软化作用，利于人体吸收。

原料：木瓜 20 克，牛肉 100 克，盐适量。

做法：

1 木瓜剖开，去皮去子，切成小块。

2 牛肉洗净，切成小块，放入沸水中除去血水，捞出。

3 将木瓜、牛肉加水用大火烧沸，再用小火炖至牛肉熟烂后，加盐调味即可。

荷兰豆烧鲫鱼

营养功效：鲫鱼有健脾利湿、和中开胃、活血通络的功效，对产后妈妈有很好的滋补作用。

原料：荷兰豆 30 克，鲫鱼 1 条，黄酒、酱油、白糖、姜片、葱段、盐各适量。

做法：

1 将鲫鱼处理干净。

2 将荷兰豆择去两端及筋，切成段，备用。

3 在锅中放入适量的油，烧热后，爆香姜片和葱段。

4 将鲫鱼放入锅中煎至金黄色。

5 加入黄酒、酱油、白糖、荷兰豆段和适量的水，将鲫鱼烧熟，最后用盐调味即可。

产后第 13 天

13

顺产关键点

勿湿发睡觉

忌过早穿塑形内衣

忌盆浴

剖宫产关键点

吃天然食物补营养

不要总卧床

不宜过早吃人参

白萝卜蛏子汤

营养功效：这道汤可以有效增强妈妈的食欲，蛏子内的钙含量很高，也是帮助妈妈补钙的好食物。妈妈吃得好，宝宝才会更健康。

原料：白萝卜 50 克，蛏子 100 克，葱段、姜片、蒜末、盐、料酒各适量。

做法：

1 将蛏子洗净，放入水中泡 2 小时。

2 蛏子入沸水中略烫一下，捞出剥去外壳。

3 把白萝卜削去外皮，切成细丝。

4 锅内放油烧热，放入葱段、蒜末、姜片炒香后，倒入清水、料酒。

5 将剥好的蛏子肉、萝卜丝一同放入锅内炖煮，汤煮熟后，放入盐即可。

肉丸粥

营养功效：猪肉能为产后妈妈提供优质蛋白质和必需的脂肪酸，能够提供血红素铁和促进铁吸收的半胱氨酸，改善缺铁性贫血的症状。

原料：五花肉 50 克，大米 30 克，鸡蛋 1 个（取蛋清），姜末、葱花、盐、黄酒、淀粉各适量。

做法：

1 将大米洗净备用。

2 五花肉洗净，剁成肉泥，加入葱花、姜末、盐、黄酒、蛋清和淀粉，同一方向搅拌均匀。

3 锅内放入大米和适量清水，大火烧沸。

4 熬至粥将熟时，将肉泥挤成丸子状，放入粥内，熬至肉熟即可。

茭白炒肉丝

营养功效：此菜在催乳的同时还可预防产后便秘，具有清热补虚的功效。

原料：茭白 300 克，肉丝 100 克，葱花、高汤、水淀粉、盐各适量。

做法：

1 茭白削皮，切成片。

2 高汤、水淀粉调成芡汁。

3 炒锅放在火上，倒入油烧至五成热，放入茭白片、肉丝炒一下，然后放入葱花炒匀，加盐，烹入芡汁，收汁沥油，炒匀即可。

黄花菜胡萝卜炒香菇

营养功效：黄花菜富含蛋白质、维生素 C、膳食纤维等营养成分，有很好的催乳效果。香菇可以帮助新妈妈补充身体所需营养。

原料：干黄花菜 150 克，香菇 3 朵，胡萝卜半根，盐、香油各适量。

做法：

1 黄花菜泡发后，放入沸水中焯烫，捞出后放入凉水中浸泡；香菇泡软后去蒂，洗净，切丝；胡萝卜洗净，切丝，装盘备用。

2 油锅烧热，加入香菇丝炒香，放入胡萝卜丝和黄花菜，以大火快速翻炒片刻，待黄花菜熟软，加盐调味。

3 出锅前淋入香油，搅拌均匀。

牛奶馒头

营养功效：不喜欢喝牛奶的新妈妈可尝试通过牛奶馒头来补钙，增加乳汁中钙的含量，并且还能帮助新妈妈恢复胃动力。

原料：面粉 1 碗，鲜牛奶 250 毫升，白糖、发酵粉各适量。

做法：

1 面粉放入盆中，逐渐加入鲜牛奶、白糖、发酵粉并搅拌，直至面粉成絮状；把絮状面粉揉光，放置温暖处发酵 1 小时左右。

2 发好的面团在案板上用力揉 10 分钟，并尽量使面团内部无气泡；搓成圆柱，用刀等分切成小块，整理成圆形，放入蒸笼里，盖上盖，再次醒发 20 分钟。

3 凉水上锅蒸 15 分钟即可。

产后第 14 天

顺产关键点

可出去走走

红糖水别喝太多

注意防风

剖宫产关键点

勿用力咳嗽

做舒缓运动

不宜吃太多酱油

红小豆花生乳鸽汤

营养功效：此汤营养丰富，不仅可以帮助哺乳妈妈分泌乳汁，还能促进妈妈的伤口愈合，预防贫血。

原料：红小豆、花生仁、桂圆肉各 30 克，乳鸽 1 只，盐适量。

做法：

1 红小豆、花生仁、桂圆肉洗净，浸泡。

2 乳鸽宰杀后洗净，斩块，在沸水中烫一下，去除血水。

3 在砂锅中放入适量清水，烧沸后放入乳鸽肉、红小豆、花生仁、桂圆肉，用大火煮沸后，改用小火煲，等熟透后加盐调味即可。

奶香麦片粥

营养功效：麦片含有丰富的膳食纤维，能够促进肠道消化、吸收营养物质；还能帮助新妈妈进行糖、脂肪、蛋白质的代谢，并令人有饱腹感，减少热量过多摄入。

原料：大米 30 克，鲜牛奶 250 毫升，麦片、高汤、白糖各适量。

做法：

1 将大米洗净，加入适量水浸泡 30 分钟后捞出，控水。

2 在锅中加入高汤，放入大米，大火煮沸后转小火煮至米粒软烂黏稠。

3 将稠粥放入饭锅中，加入鲜牛奶，煮沸后加入麦片、白糖拌匀，盛入碗中即可。

口蘑腰片

营养功效：猪腰具有补肾强身的作用，它还具有较高的含铁量，极容易被人体吸收，有利于产后补血。

原料：猪腰 100 克，茭白 50 克，口蘑 30 克，葱花、姜片、黄酒、盐、淀粉、香油各适量。

做法：

1 猪腰撕去外皮膜，切成片，去掉腰臊，切花刀，洗净。

2 沥干水分后加黄酒、盐、淀粉拌匀；茭白、口蘑洗净，切片，备用。

3 爆香姜片，放入猪腰翻炒，再放入茭白、口蘑，加入黄酒、盐。

4 放入适量水，待水沸后淋上香油，撒上葱花即可。

羊肝炒荠菜

营养功效：荠菜有开胃、健脾、消食的功效，而且还含有丰富的铁，具有很好的补血功效，很适合新妈妈食用。

原料：羊肝 100 克，荠菜 50 克，火腿 10 克，姜片、盐、水淀粉各适量。

做法：

1 羊肝洗净，切片；荠菜洗净、切段；火腿切片。

2 锅内加水，待水烧开时，放入羊肝片，快速焯烫后，捞出冲洗干净。

3 另起油锅，放入姜片、荠菜段，用中火炒至断生，加入火腿片、羊肝片，调入盐炒至入味，然后用水淀粉勾芡即可。

南瓜饼

营养功效：南瓜营养丰富，维生素 E 含量较高，还有润肺益气、缓解便秘的作用，有利于新妈妈健康。

原料：糯米粉 100 克，南瓜 60 克，白糖、红豆沙各适量。

做法：

1 南瓜去子，洗净，包上保鲜膜，用微波炉加热 10 分钟。

2 挖出南瓜肉，加糯米粉、白糖，和成面团。

3 将红豆沙搓成小圆球，包入豆沙馅成饼胚，上锅蒸 10 分钟即可。

Part4

产后第 3 周

新妈妈的身体变化

乳房：乳汁增多

产后第 3 周，乳房开始变得比较饱满，肿胀感也在减退，清淡的乳汁渐渐浓稠起来。每天哺喂宝宝的次数增多，偶尔会有漏乳的现象产生，新妈妈要及时更换乳垫，不要等乳垫硬了再换，内衣也一样，不要让硬的东西刺激乳头。

胃肠：食欲增强

随着宝宝食量的增加，新妈妈的食欲恢复到从前，饿的感觉时常出现。通过产后前 2 周的调整和进补，胃肠已适应了少食多餐、汤水为主的饮食和习惯，现在新妈妈吃什么宝宝就会吸收什么。

子宫：回复到骨盆内

产后第 3 周，子宫基本收缩完成，已恢复到骨盆内的位置，最重要的是子宫内的污血快完全排出了，子宫将成为真空状态，此时雌激素的分泌将会特别活跃，子宫的功能变得比怀孕前更好。

伤口及疼痛：明显好转

会阴侧切的伤口已没有明显的疼痛，但是剖宫产妈妈的伤口内部，会出现时有时无的疼痛，只要不持续疼痛，没有分泌物从伤口处溢出，一般再过 2 周就可以恢复正常了。

恶露：不再含有血液

产后第 3 周是白色恶露期，此时的恶露已不再含有血液，而是含有大量的白细胞、退化蜕膜、表皮细胞和细菌，恶露变得黏稠而色泽较白。新妈妈不要误认为恶露已净，就不注意会阴的清洗和保护，白色恶露还会持续一两周的时间。

排泄：轻微腹泻莫担心

随着食欲的增加，新妈妈明显比前 2 周吃得多，但是为了催乳而喝下比较油腻的汤，会使新妈妈有轻微的腹泻，每餐可减少一点催乳汤的摄入量，增加些淀粉类的食物。

产后第 3 周饮食宜忌

产后第 3 周，新妈妈可以全面滋补了，此时饮食得当，不但可以恢复分娩时造成的身体消耗，还可以利用月子期的合理饮食和健康生活方式，改善便秘、怕冷等问题。

宜适当加强进补

分娩给新妈妈的身体造成了极大的损耗，不可能在短时间内完全复原，通过前 2 周的饮食调养，新妈妈会明显感觉有劲儿了，但是要注意，此时仍要注意补充体力，强健腰肾，以避免以后的腰背疼痛。

身体复原较好的新妈妈，本周可以适当加强进补，但仍不要过多食用燥热食物，否则可能会引起乳腺炎、尿道炎、便秘或痔疮等。从本周开始，可以适当进食一些水果，但是必须要记住不要进食性凉的水果，如梨、西瓜、猕猴桃等，蔬菜的量也要开始增加，以预防便秘。

宜适量食用香油

香油中含有丰富的不饱和脂肪酸，能够促使子宫收缩和恶露排出，帮助子宫尽快复原。不仅如此，香油还具有软便的功效，帮助新妈妈缓解产后便秘之苦。另外，香油中含有的必需氨基酸，对新妈妈产后出现的气血流失现象有很好的滋补作用。

宜吃些杜仲

这一时期新妈妈吃些杜仲有助于促进松弛的盆腔关节韧带的功能恢复，加强腰部和腹部肌肉的力量，尽快保持腰椎的稳定性，减少腰部受损害的概率，从而预防产后腰部疼痛。

宜趁热吃饭

生完宝宝之后，发现时间过得非常快，每天都忙碌而充实，一会儿宝宝拉便便了，一会儿又该给宝宝哺乳了，等处理完这些事情才发现，刚才热气腾腾的饭菜已经凉了。这时，新妈妈千万不要图省事，一定要重新加热后再吃。

宜适量喝点葡萄酒

专家认为，优质的红葡萄酒中含有丰富的铁，对女性非常有好处，可以起到补血的作用，使脸色变得红润。同时，女性在怀孕时体内脂肪的含量会大大增加，产后喝一些葡萄酒，其中的抗氧化剂可以减少脂肪的氧化堆积，对身体的恢复很有帮助。

葡萄酒中的酒精含量并不高，只要不是酒精过敏体质的人，一天喝 1 小杯（大约 50 毫升）是没有问题的。哺乳期的新妈妈尽量每次在哺乳后喝，对新生儿不会有影响。

凉的汤粥既伤胃又伤身，还是温热喝比较好。

宜按时定量进餐

虽然说经过前3周的调理和进补，新妈妈的身体得到了很好的恢复，但是也不要放松对身体的呵护，不要因为照顾宝宝太过于忙乱，而忽视了进餐时间。宝宝经过3周的成长，也培养起了较有规律的作息时间，吃奶、睡觉、拉便便，新妈妈都要留心记录，掌握宝宝的生活规律，相应地安排好自己的进餐时间。新妈妈还要根据宝宝吃奶量的多少，定量进餐。

宜吃虾养血通乳

虾营养丰富，且其肉质松软，易消化，对身体虚弱以及产后需要调养的新妈妈是极好的食物。虾中含有丰富的镁，镁对心脏活动具有重要的调节作用，能很好地保护心血管系统，它可减少血液中胆固醇含量，预防动脉硬化，同时还能扩张冠状动脉。虾的通乳作用较强，并且富含磷、钙，对产后乳汁分泌较少、胃口较差的新妈妈很有补益作用。

宜吃五谷补能量

五谷杂粮是我们经常食用的主食，很多人认为主食里没有营养，哺乳妈妈应该多吃些肉、蛋、奶、蔬菜、水果类，主食是次要的。事实上，谷类是碳水化合物、膳食纤维、B族维生素的主要来源，而且是热量的主要来源，它们的营养价值并不低于其他食物。对于哺乳期的妈妈来讲，从谷类食物中可以得到更多的能量、维生素及蛋白质等。

五谷粥中加入山药、百合，更有健脾润肺的效果。

患感冒的新妈妈不宜服药后立即哺乳

产后新妈妈如果患上了感冒，在服药时一定要注意调整喂奶时间，最好在哺乳后服药，并且尽量推迟下次给宝宝喂奶的时间，至少间隔4小时，这样能够使奶水中药物的浓度降到最低。另外，建议新妈妈在感冒时多喝些鸡汤，鸡汤能够减轻感冒时的鼻塞、流涕等症状，对清除呼吸道病毒有一定的效果。

不宜只吃一种主食

产后新妈妈身体虚弱，肠道消化能力也弱，除了食物要做得软烂外，还要有营养，保持饮食多样化。尤其是月子中的主食，新妈妈可以有很多选择，比如：小米可开胃健脾、补血健脑、助安眠，适合产后食欲缺乏、失眠的新妈妈；大米可活血化瘀，可用于防治产后恶露不净、淤滞腹痛；糯米适用于产后体虚的新妈妈；燕麦富含氨基酸，也是不错的补益佳品。主食多样化才能满足人体各种营养需要，提高利用率，使营养吸收达到高效，进而达到强身健体的目的。

不宜不吃早餐

哺乳期妈妈的早餐非常重要。经过一夜的睡眠，体内的营养已消耗殆尽，血糖浓度处于偏低状态，如果不能及时补充糖分，就会出现头晕心慌、四肢无力、精神不振等症状。而且哺乳妈妈还需要更多的能量来喂养宝宝，所以这时的早餐要比平常更丰富、更重要，不能破坏基本饮食规律。

不宜晚餐吃得过饱

产后新妈妈晚餐不宜吃太饱，产后各系统尚未恢复，晚餐不宜吃得太饱，否则容易引起多种疾病。如果吃饭吃太饱，胃肠负担不了，会引起消化不良、胃胀等。而且晚餐吃得太饱，还会影响睡眠质量。

不宜食用易过敏食物

如果是产前没有吃过的东西，尽量不要给新妈妈食用，以免发生过敏现象。在食用某些食物后如发生全身发痒、心慌、气喘、腹痛、腹泻等现象，应想到很可能是食物过敏，要立即停止食用这些食物。食用肉类、动物内脏、蛋类、奶类、鱼类应烧熟煮透，降低过敏风险。

不宜空腹喝酸奶

爱喝酸奶的新妈妈最好选择饭后两小时后饮用酸奶。空腹时喝酸奶，乳酸菌很容易被胃酸杀死，其营养价值和保健作用就会大大减弱。此外，酸奶不能加热喝，因为活性乳酸菌会很容易被烫死，使酸奶的口感变差，营养流失。喝酸奶后要漱口，因为酸奶中的某些菌种含有一定酸度，特别容易导致新妈妈龋齿。

酸奶中加入多种水果，好吃又健康。

忌过多服用营养品

新妈妈最好以天然食物为主，不要过多服用营养品。目前，市场上有很多保健食物，有些人认为分娩让新妈妈大伤元气，要多吃些保健品补一补。这种想法是不对的，月子里应该以天然绿色食物为主，尽量少食用或不食用人工合成的各种补品。

慎食火锅

很多爱吃火锅的新妈妈在怀孕时为了腹中的胎宝宝，一般能管住自己的嘴，做到不吃火锅，可一旦生完了宝宝，就觉得吃火锅无所谓。其实不然，月子期间，新妈妈本来就爱上火，吃火锅会让新妈妈更加上火，尤其是哺乳的新妈妈，会使乳汁变得油腻和火性，宝宝吃了容易上火和腹泻。

此外，火锅原料多是羊肉、牛肉等生肉片，还有海鲜鱼类等，不易煮熟。另外，火锅一吃就爱过量，吃的东西又杂，很容易引起胃肠不适。火锅里面有大蒜、大葱、辣椒等，这些新妈妈也应该少吃。

不宜过量盲目补钙

新妈妈要哺乳，所以补钙是必不可少的，但是新妈妈不能因此而盲目地大量补钙。因为如果钙过量吸收，新妈妈易患肾、输尿管结石，还有可能会影响宝宝的生长发育。因此，新妈妈补钙一定要适量，过多过少都不好，最好是在医生的指导下进行补充。

如果偶尔吃一下火锅，一定要选择新鲜卫生的食材。

一周私房
月子餐

15

产后第 15 天

顺产关键点

不要频繁弯腰

注意手腕保养

适当吃些牛肉

剖宫产关键点

避免阳光晒伤口

注意脚部保暖

不要用手抓伤口

西红柿面疙瘩

营养功效：西红柿含有丰富的维生素 C 和铁，鸡蛋中蛋白质、钙的含量十分丰富。两者搭配清淡可口，在滋补的同时，可解油腻、养胃肠。

原料：面粉 100 克，西红柿 2 个，鸡蛋 2 个，盐适量。

做法：

1 面粉中边加水边用筷子搅拌成絮状，静置 10 分钟；鸡蛋打散；西红柿洗净，切小块。

2 锅中放油，倒入鸡蛋液炒散，加入适量水，将鸡蛋煮开，至汤发白时倒入西红柿块。

3 再将面粉慢慢倒入西红柿鸡蛋汤中煮 3 分钟后，放盐即可。

鳗鱼饭

营养功效：鳗鱼具有补虚强身的作用，适于产后虚弱的新妈妈食用，同时还能促进泌乳，并提升乳汁质量。

原料：熟米饭半碗，鳗鱼 1 条，竹笋 2 根，油菜 2 棵，盐、酱油、白糖、高汤各适量。

做法：

1 鳗鱼洗净，放入盐、酱油腌制半小时；竹笋、油菜洗净，竹笋切片。

2 把腌制好的鳗鱼放入烤箱里，温度调到 180℃，烤熟。

3 油锅烧热，放入笋片、油菜略炒，放入烤熟的鳗鱼，加入高汤、酱油、盐、白糖，待锅内的汤几乎收干了即可出锅，浇在米饭上即可。

肉末炒菠菜

营养功效：菠菜含相当丰富的铁质和胡萝卜素，能增强抵抗传染病的能力；猪肉能够为哺乳妈妈提供血红素铁和促进铁吸收的半胱氨酸，改善缺铁性贫血症状。

原料：猪瘦肉 50 克，菠菜 200 克，盐、白糖、水淀粉各适量。

做法：

1 将猪瘦肉剁成末；菠菜洗净，切段。

2 锅内倒入适量的水烧开，放入菠菜焯烫至八成熟，捞起沥干水，备用。

3 另起油锅，将猪瘦肉末用小火翻炒，再加入菠菜段，放盐和白糖调味。

4 用水淀粉勾芡即可。

红枣银耳粥

营养功效：银耳含有蛋白质、碳水化合物、膳食纤维等物质，其含有的酸性黏多糖可以增强产后妈妈的免疫功能，提高身体的抵抗力。

原料：干银耳 15 克，红枣 2 颗，冰糖适量。

做法：

1 干银耳用温水泡发；红枣洗净，去核，备用。

2 在锅中放入清水，将红枣和银耳一同放入锅中用大火烧沸。

3 然后改用小火，加入适量冰糖，煮开即可。

鸭血豆腐

营养功效：豆腐可以为哺乳妈妈提供钙质，强化骨质；鸭血能满足哺乳妈妈对铁质的需要。鸭血豆腐的酸辣口感不仅能满足妈妈的食欲，还能促进钙质的吸收。

原料：鸭血 50 克，豆腐 100 克，高汤、胡椒粉、醋、盐、水淀粉各适量。

做法：

1 将鸭血和豆腐切成细条状，备用。

2 将高汤放入锅中煮沸。

3 将鸭血和豆腐放入高汤中炖熟。

4 最后加上胡椒粉、醋、盐调味，用水淀粉勾芡即可。

16

产后第 16 天

顺产关键点

- 忌单脚站立
- 不要长时间下蹲
- 经常做缩肛运动

剖宫产关键点

- 不宜屏气搬重物
- 不宜快速进食
- 避免剧烈运动

黄花菜糙米粥

营养功效： 黄花菜糙米粥可以改善产后妈妈肝血亏虚所致的健忘失眠、头目眩晕、小便不利、水肿、乳汁分泌不足等症状。

原料： 干黄花菜 20 克，糙米 30 克，猪肉末、盐、香油各适量。

做法：

1. 将干黄花菜泡软，洗净，用沸水煮透捞起；糙米淘洗干净，备用。

2. 将糙米放入锅中，加清水烧开，转小火熬煮，待米粒煮开花时放入猪瘦肉末、黄花菜。

3. 最后放入盐调味，淋上香油即可。

清蒸鲈鱼

营养功效： 鲈鱼富含蛋白质和多种矿物质，不仅有很好的补益作用，催乳效果也不错。

原料： 鲈鱼 1 条，姜丝、葱丝、盐、料酒、酱油各适量。

做法：

1. 将鲈鱼去除内脏，收拾干净，洗净，擦干鲈鱼身上多余水分，放入蒸盘中。

2. 将姜丝、葱丝放入鱼盘中，加入盐、酱油、料酒。

3. 大火烧开蒸锅中的水，放入鱼盘，大火蒸 8~10 分钟，鱼熟后立即取出即可。

炒红薯泥

营养功效：红薯中富含多种维生素，核桃仁、花生、瓜子中 DHA 含量极高，此菜营养通过乳汁被宝宝吸收，可促进宝宝大脑发育。

原料：红薯 1 个，核桃仁碎，花生仁碎，熟瓜子、玫瑰汁、芝麻、蜂蜜、蜜枣丁、红糖水各适量。

做法：

1. 红薯去皮后上锅蒸熟，然后制成碎泥；核桃仁、花生仁压碎。

2. 锅中放适量油，烧热后将红薯泥倒入翻炒；倒入红糖水继续翻炒。

3. 再将玫瑰汁、芝麻、蜂蜜、花生仁碎、核桃仁碎、熟瓜子、蜜枣丁放入，继续翻炒均匀即可。

西红柿菠菜蛋花汤

营养功效：西红柿不仅有抗氧化的作用，还有提升免疫力的功效。菠菜具有补铁补血的作用，新妈妈常吃，可使身体变得强壮。

原料：西红柿 100 克，菠菜 50 克，鸡蛋 1 个，葱花、盐、香油各适量。

做法：

1. 将西红柿洗净后切片；菠菜洗净后切成 4 厘米长的段，备用。

2. 鸡蛋打散，备用。

3. 锅中油热后，放入西红柿片煸出汤汁，加入适量水烧开。

4. 放入菠菜段、蛋液、盐，再次煮 3 分钟。

5. 出锅时撒上葱花，滴入香油即可。

紫菜包饭

营养功效：紫菜能补充钙质，改善新妈妈贫血状况，还含有一定量的甘露醇，可辅助治疗产后水肿。

原料：糯米 150 克，鸡蛋 1 个，紫菜 1 张，火腿、黄瓜、沙拉酱、米醋各适量。

做法：

1. 黄瓜、火腿切条，加米醋腌制；糯米蒸熟，倒入米醋，拌匀晾凉。

2. 将鸡蛋摊成饼，切丝。

3. 将糯米平铺在紫菜上，再摆上黄瓜条、火腿条、鸡蛋丝、沙拉酱，卷起，切成 3 厘米厚片即可。

17

产后第 17 天

顺产关键点

- 不走"猫步"
- 不宜紧腹束腰
- 做做柔软体操

剖宫产关键点

- 大鱼大肉要不得
- 防贫血
- 忌刺激性食物

板栗烧牛肉

营养功效：牛肉味甘性温，属温补食物且不上火，有强筋壮骨、滋养脾胃之功效。在冬季，板栗和牛肉一起炖着吃，非常适合新妈妈补气补血之用。

原料：牛肉 150 克，板栗 6 颗，姜片、葱段、盐各适量。

做法：

1 牛肉洗净，入开水锅中焯透，切成长块；锅置火上，倒入油，烧至七成热时，下板栗炸 2 分钟，再将牛肉块炸一下，捞起，沥去油。

2 锅中留少许底油，下入葱段、姜片，炒出香味时，放入牛肉、盐和适量清水。

3 当锅沸腾时，撇去浮沫，改用小火炖，待牛肉炖至将熟时，下板栗，烧至肉熟烂板栗酥时收汁即可。

虾酱蒸鸡翅

营养功效：虾酱营养丰富，蛋白质、钙、铁、磷、硒等营养素的含量都较高，同鸡翅一起食用，在增加泌乳量的同时也能促进母乳质量的提高。

原料：鸡翅中 100 克，虾酱 10 克，葱段、姜片、水淀粉、盐、白糖各适量。

做法：

1 洗净翅中，沥干水分，在翅中上划几刀，用水淀粉和盐腌制 15 分钟。

2 将腌好的鸡翅中放入一个较深的容器中，加入虾酱、姜片、白糖和适量的盐拌匀，盖上盖儿。

3 放进微波炉用大火蒸 8 分钟，取出加入葱段，再放入微波炉中，大火蒸 2 分钟，取出码入盘中即可。

菠菜鱼片汤

营养功效：菠菜鱼片汤含有丰富的蛋白质、脂肪、钙、磷、铁、锌和多种维生素，有增乳、通乳、调养身体的功效。

原料：**鲤鱼1条，菠菜100克，葱段、姜片、盐各适量。**

做法：

1 将鲤鱼处理干净，清洗后切成0.5厘米厚的薄片，用盐腌20分钟；菠菜洗净切段。

2 锅中放油，待油烧至五成热时，下入姜片和葱段，爆出香味，再下鱼片略煎。

3 加入适量清水，用大火煮沸后改用小火煮20分钟，投入菠菜段，加盐调味即可。

牛肉粉丝汤

营养功效：牛肉中的锌比植物中的锌更容易吸收，所以这是一道高钙、高铁、高锌、高蛋白质的营养配餐，适合给哺乳妈妈补充营养。

原料：**牛肉100克，粉丝50克，盐、料酒、淀粉、香油各适量。**

做法：

1 将粉丝放入水中，泡发，备用。

2 牛肉切薄片，加淀粉、料酒、盐拌匀。

3 锅中加适量清水，烧沸，放入牛肉片略煮。

4 放入发好的粉丝，中火煮5分钟。

5 放入盐调味后，盛入碗中，淋上香油即可。

南瓜虾皮汤

营养功效：南瓜不仅可以补充体力，而且其中丰富的类胡萝卜素和矿物质对宝宝的发育大有好处；虾皮是补钙的好食材。

原料：**南瓜200克，虾皮20克，葱花、盐各适量。**

做法：

1 南瓜去皮、瓤，切成块，备用。

2 锅内加少许油烧热，放入南瓜，快速翻炒片刻。

3 加清水大火煮开，转小火将南瓜煮熟。

4 加盐调味，再放入虾皮、葱花略煮即可。

18

产后第 18 天

顺产关键点

忌房事

不吹穿堂风

不宜忧思过度

剖宫产关键点

收腹带每天使用 8 小时

细嚼慢咽

菜品多样

鸡蛋菠菜煎饼

营养功效：菠菜含有大量的叶酸，而且钙、钾含量也较高，对母乳喂养的宝宝发育有益。

原料：鸡蛋 2 个，菠菜 50 克，面粉 100 克，盐适量。

做法：

1 将菠菜洗干净，切细碎；将鸡蛋打入面粉中，加适量清水，搅拌成糊状。

2 在面糊中放菠菜碎和盐，搅拌均匀；平底锅上放油，待油热后，舀 1 勺面糊放入锅内，用煎饼铲把面糊摊圆。

3 待煎饼有鼓起状时，用铲子翻面，待两面金黄时即可食用。

奶汁百合鲫鱼汤

营养功效：此汤有益气养血、补虚通乳的作用，是帮助哺乳妈妈分泌乳汁的佳品。

原料：鲫鱼 1 条，牛奶 150 毫升，木瓜 20 克，百合 15 克，盐、葱末、姜末各适量。

做法：

1 鲫鱼处理干净；木瓜洗净，切小片。

2 锅中放适量油烧热，将鲫鱼两面略煎。

3 加水，大火烧开，再放葱末、姜末，改小火慢炖。

4 当汤汁颜色呈奶白色时放木瓜片，加盐调味，再放牛奶稍煮，出锅前放入百合即可。

爆鳝鱼面

营养功效：此面不仅可以补充体力，还能帮助哺乳妈妈改善记忆，并能通过乳汁促进宝宝的大脑发育。

原料：鳝鱼 200 克，青菜 20 克，面条 100 克，水淀粉、酱油、葱段、姜片、料酒、高汤、盐各适量。

做法：

1 将鳝鱼剁成长段；青菜洗净。

2 锅中放入鳝鱼段，加入青菜、姜片、葱段，炒至鱼肉呈火红色。

3 加高汤、酱油、盐、料酒烧沸入味后，用水淀粉勾芡，浇在煮熟的面条上即可。

紫薯银耳松子粥

营养功效：此粥口感顺滑，营养丰富，具有滋阴润肺、通肠的功效，能帮助新妈妈预防产后便秘。

原料：大米 20 克，松子 5 克，银耳 4 小朵，紫薯 1 个，蜂蜜适量。

做法：

1 用温水泡发银耳；将紫薯去皮，切成小方粒。

2 锅中放水，将淘洗好的大米放入其中，大火烧开后，放入紫薯粒，再烧开后改小火。

3 往锅中放入泡好的银耳。

4 待大米开花时，撒入松子；放凉至 60℃以下后，调入蜂蜜即可。

红薯山楂绿豆粥

营养功效：此粥具有清热解毒、利水消肿、去脂减肥的功效，可以帮助新妈妈产后减肥，恢复体形。

原料：红薯 100 克，山楂 10 克，绿豆粉 20 克，大米 30 克，白糖适量。

做法：

1 红薯去皮洗净，切成小块；山楂洗净，去子切末。

2 大米洗净后放入锅中，加适量清水用大火煮沸。

3 加入红薯块煮沸，改用小火煮至粥将成，加入山楂末、绿豆粉煮沸，煮至粥熟透，加白糖即可。

19

产后第 19 天

顺产关键点

不要翘二郎腿

勿长时间看电脑

每天按摩头皮

剖宫产关键点

伤口恢复不良应就医

适当散步

不吃难消化的食物

海带豆腐骨头汤

营养功效：此汤含有大量的钙质，产后缺钙的新妈妈可尝试煲煮，每天适当饮用。

原料：猪腔骨 300 克，海带段、豆腐各 100 克，鲜香菇 5 朵，葱段、姜片、盐各适量。

做法：

1 猪腔骨洗净，香菇洗净，剖十字花刀，豆腐切块。将猪腔骨、香菇、葱段、姜片、清水放入锅内，开大火煮沸后撇去浮沫。

2 加盖改用小火炖至腔骨上的肉快熟时，拣去葱段和姜片。

3 放入豆腐块和海带段，继续用小火炖至豆腐和海带熟透。

4 放少许盐调味，稍炖即可。

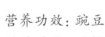

豌豆炒鱼丁

营养功效：豌豆具有促进乳汁分泌的功效，而鳕鱼肉中含有丰富的维生素 A 和不饱和脂肪酸，多吃可刺激新妈妈激素分泌，促进乳腺发育，起到丰胸催乳的作用。

原料：豌豆 100 克，鳕鱼 200 克，盐适量。

做法：

1 鳕鱼去皮、去骨，切成小丁；豌豆洗净。

2 烧热油锅，倒入豌豆翻炒片刻，继而倒入鳕鱼丁，加适量盐一起翻炒，待鳕鱼丁熟透即可。

牛肉饼

营养功效：牛肉富含蛋白质和氨基酸，适宜新妈妈本周滋补，可提高机体的抗病能力，还能令新妈妈保持充足的乳汁分泌。

原料：面粉 200 克，牛肉馅 1 碗，鸡蛋 1 个，葱末、姜末、盐、香油和水淀粉各适量。

做法：

1 精选牛肉馅，加入葱末、姜末、油、盐、香油，搅拌均匀，打入 1 个鸡蛋，加入适量水淀粉搅拌均匀。

2 面粉加适量水和成面团，分成小剂，擀成饼皮，包入肉馅。

3 摊平成饼状，用适量油煎熟，或上屉蒸熟，也可以用微波炉大火加热 5~10 分钟至熟。

橙香鱼排

营养功效：橙子可以促进肉类蛋白质的分解和吸收，有助于消化，还能补充维生素，同时能提高新妈妈和宝宝的免疫力和抗病能力。

原料：鲷鱼 1 条，橙子 1 个，红椒半个，冬笋 1 根，盐、水淀粉各适量。

做法：

1 将鲷鱼清理干净，切大块；冬笋、红椒洗净、切丁；橙子取出肉粒。

2 锅中倒入适量油，鲷鱼块裹适量水淀粉入锅炸至金黄色。

3 锅中放水烧开，放入橙肉粒、红椒、冬笋，加盐调味，用水淀粉勾芡，浇在鲷鱼块上即可。

萝卜排骨汤

营养功效：萝卜含有钾、镁等多种矿物质；排骨则是高蛋白、高钙质含量的食材。

原料：猪排骨 250 克，白萝卜 100 克，姜片、葱花、盐、料酒各适量。

做法：

1 猪排骨洗净，剁小块，放入沸水中倒少许料酒煮 3~5 分钟，捞出洗净。

2 把排骨放入空锅中，放入姜片，加水没过排骨；大火煮沸，2 分钟后改小火慢炖。

3 白萝卜洗净，切成片，放入排骨汤中，大火煮沸，改成中火；白萝卜炖熟后放入葱花、盐调味。

产后第 20 天

20

顺产关键点

- 外出穿平底鞋
- 不宜湿发结辫
- 不要触碰冷水

剖宫产关键点

- 夏季防腹部着凉
- 适当运动
- 不宜长久蹲着

羊骨小米粥

营养功效：羊骨中含有磷酸钙、碳酸钙、钾、铁、骨胶原、骨类黏蛋白、磷脂等营养成分，对产后妈妈腰膝酸软、筋骨酸疼、骨质疏松等有一定的食疗效果。

原料：羊骨块 50 克，小米 30 克，陈皮、姜丝、苹果块各适量。

做法：

1　小米洗净，浸泡一会儿；羊骨洗净，捣碎。

2　在锅中放入适量清水，将羊骨、陈皮、姜丝、苹果块放入锅中，用大火烧沸。

3　放入小米，待小米熟透即可。

西蓝花彩蔬小炒

营养功效：这道菜含有丰富的维生素，在本周新妈妈大量进补期间食用，可缓解胃肠负荷，令新妈妈更健康。

原料：西蓝花半个，玉米粒 2 小匙，胡萝卜丁、青椒丁、红椒丁、盐、水淀粉各适量。

做法：

1　玉米粒洗净备用；西蓝花去老茎，掰成小朵；锅烧水，下胡萝卜丁、玉米粒焯水 2 分钟。

2　坐锅烧水，下西蓝花烫 2 分钟，捞出沥水。

3　坐锅放油，下所有原料翻炒 1 分钟，起锅。

4　西蓝花围边，用水淀粉勾芡淋在西蓝花上，将炒好的彩蔬放入盘中央。

丝瓜蛋汤

营养功效：丝瓜蛋汤色泽鲜艳，味道鲜美，含有蛋白质、钙、锌、维生素C等多种营养素。对月子期间的新妈妈有很好的进补和催乳功效。

原料：鸡蛋1个，丝瓜50克，盐适量。

做法：

1 鸡蛋打散在容器中，加入油搅拌均匀。

2 丝瓜洗净，去皮，切成滚刀状。

3 锅中放水，倒入丝瓜，水开后，倒入鸡蛋液，起锅时，放入盐调味即可。

猪肝拌菠菜

营养功效：在本周催乳的同时，新妈妈也不要忘记补血，猪肝和菠菜同食，滋阴补血的功效更强。

原料：猪肝40克，菠菜20克，海米10克，香菜段、香油、盐、醋各适量。

做法：

1 猪肝洗净，煮熟，切成薄片；海米用温水浸泡；菠菜洗净，焯烫，切段。

2 用盐、醋、香油兑成调味汁。

3 将菠菜放在盘内，放入猪肝片、香菜段、海米，倒上调味汁拌匀即可。

雪菜肉丝汤面

营养功效：这道面食营养丰富，味道浓郁鲜美，具有很强的温补作用，能令新妈妈产后尽快提升元气。

原料：面条、猪肉丝各100克，雪菜1棵，酱油、盐、葱花、姜末、高汤各适量。

做法：

1 雪菜洗净，加清水浸泡2小时，使之变淡，捞出沥干，切碎末；猪肉丝洗净，加盐拌匀。

2 锅中倒油烧热，下葱花、姜末、肉丝煸炒至肉丝变色，再放入雪菜末翻炒，放入酱油、盐，拌匀盛出。

3 煮熟面条，挑入盛适量酱油、盐的碗内，舀入适量高汤，再把炒好的雪菜肉丝覆盖在面条上。

21

产后第 21 天

猪肝烩饭

营养功效：猪肝是补血食物中最常用的，尤其是产后贫血的新妈妈每周吃两三次，可降低宝宝缺铁性贫血的概率。

原料：米饭 200 克，猪肝半个，瘦肉 50 克，胡萝卜半根，洋葱半头，蒜末、水淀粉、盐、白糖、酱油各适量。

做法：

1 将瘦肉、猪肝洗净，切成片，调入少许酱油、白糖、盐、水淀粉腌 10 分钟。

2 将洋葱、胡萝卜洗净，均切成片后用开水烫熟。

3 锅置火上，放油，下蒜末煸香，放入猪肝、瘦肉略炒；依次放入洋葱片、胡萝卜和盐、酱油，放水煮开，加水淀粉，淋在米饭上即可。

平菇小米粥

营养功效：大米滋阴养胃，可提高人体免疫力；小米滋阴养血；平菇可改善人体新陈代谢，增强体质。

原料：大米、小米各 50 克，平菇 30 克，盐适量。

做法：

1 平菇洗净，焯烫后切片；大米、小米分别洗净。

2 将大米、小米放入锅中，加适量清水大火烧沸，改小火熬煮。

3 水再沸时放入平菇，下盐调味，再煮 5 分钟即可。

三丝牛肉

营养功效：牛肉含有丰富的维生素 B_6，可以增强新妈妈的免疫力。

原料：牛肉 100 克，木耳 30 克，胡萝卜 50 克，菠菜段、香油、酱油、白糖、盐各适量。

做法：

1 将牛肉、木耳、胡萝卜均切丝。

2 用香油、酱油、白糖将牛肉丝腌 30 分钟。

3 将牛肉丝放入锅中炒至八成熟后取出。

4 将木耳、胡萝卜放入锅中翻炒片刻，再放入菠菜段，最后加入牛肉丝烩炒，放盐调味即可。

黑芝麻花生粥

营养功效：黑芝麻中的维生素 E 具有抗氧化的功能，能够抵抗自由基，保护红血球，降低贫血概率。

原料：黑芝麻、花生、大米各 50 克，冰糖适量。

做法：

1 大米洗净，用清水浸泡 30 分钟，备用。

2 黑芝麻炒香，碾碎。

3 将大米、黑芝麻、花生一同放入锅内，加清水用大火煮沸后，转小火再煮至大米熟透。

4 出锅时加入冰糖调味即可。

胡萝卜牛蒡排骨汤

营养功效：牛蒡含有一种非常特殊的养分——牛蒡苷，有助筋骨发达、增强体力的作用。

原料：排骨 200 克，牛蒡、胡萝卜各 50 克，盐适量。

做法：

1 排骨洗净，切段备用；牛蒡清理干净，切段备用；胡萝卜洗净，切块备用。

2 把所有食材一起放入锅中，加清水大火煮开后，转小火再炖 1 小时；出锅时加盐调味即可。

Part5

产后第 4 周

新妈妈的身体变化

乳房：预防乳腺炎

此时新妈妈的乳汁分泌已经增多，但同时也容易得急性乳腺炎，因此要密切观察乳房的状况。如有乳腺炎情况发生，一定要先稳定情绪，同时，勤给宝宝喂奶，让宝宝尽量把乳房里的乳汁吃干净。

胃肠：基本恢复

经过了连续3周的恢复，新妈妈的胃肠功能是最先好起来的。

子宫：大体复原

产后第4周时，子宫大体复原，新妈妈应该坚持做些产褥体操，以促进子宫、腹肌、阴道、盆底肌的恢复。

伤口：留意瘢痕增生

剖宫产新妈妈手术后伤口上留下的痕迹，一般呈白色或灰白色，光滑、质地坚硬，这个时期开始有瘢痕增生的现象，局部发红、发紫、变硬，并突出皮肤表面。瘢痕增生期持续3个月至半年左右，纤维组织增生逐渐停止，瘢痕也会逐渐变平变软。

恶露：基本没有了

产后第4周，白色恶露基本上排干净了，变成了普通的白带。但新妈妈还是要注意会阴的清洗，勤换内衣裤。

排泄：不便秘了

随着胃肠功能的恢复，产后最初的便秘问题已解决，新妈妈要坚持养成定时排便的习惯，不要因为照顾宝宝而打乱了正常的生理作息。

心理：享受三人世界

再过几天，新妈妈就可以和新爸爸一起，带着宝宝在晴朗的午后一同去晒太阳，一同感受外面的世界了。由二人世界进入到三人天地，生活从此变得更新鲜、更有趣。

产后第 4 周饮食宜忌

第 4 周是新妈妈体质恢复的关键期，身体各个器官逐渐恢复到产前的状态，此时可以大量进补了，可以选择一些热量高的食材，进补的量要循序渐进。

宜每天补水 3000 毫升

哺乳妈妈每天会损失大约 1000 毫升的水分，若新妈妈体内的水分不足，会减少母乳量，从而影响宝宝的健康。不仅如此，新妈妈能否恢复身材跟水的关系密不可分。新妈妈身体中的生化反应都需要溶解在水中，同样废物的排出也必须要有水溶液才能进行。因此，新妈妈每天喝水不能少于 3000 毫升，才能够保证水分摄取的充足。

宜多吃红色蔬菜

这一周新妈妈可以在每餐中多吃些新鲜蔬菜和水果，尤其是红色蔬菜，如西红柿、红苋菜等，这类蔬菜具有补血、活血等功效。如果是从冰箱里取出的，不宜马上食用，等恢复到常温再食用。

莲藕清淡爽口，新妈妈可以适当吃一些。

宜增加蔬菜食用量

在大补的同时，新妈妈也不要忽视膳食纤维和维生素的补充，这样能有效地将毒素排出来，预防便秘的发生。蔬菜中的膳食纤维和维生素不仅可以帮助新妈妈促进食欲，预防产后便秘，还能吸收肠道中的有害物质，促进毒素排出。

莲藕中含有大量的碳水化合物、维生素和矿物质，营养丰富，清淡爽口，能增进食欲，帮助消化，还能促使乳汁分泌，有助于对宝宝的喂养；银耳、木耳、香菇、猴头菇等食用菌类，含有丰富的膳食纤维，能帮助新妈妈重建身体免疫系统，为新妈妈的健康加分。

宜吃清火食物

因为新妈妈要给宝宝哺乳，所以一些清火的药最好不要吃，性寒凉的食物也不能多吃。平时吃东西时要注意，不能吃辛辣的食物，不要吃橘子等热性水果，少吃或不吃热性佐料，如花椒、大料等，这些东西容易引起上火。新妈妈如果上火了可适量吃些绿豆、柚子、芹菜等清火食物。

宜吃竹荪减少脂肪堆积

竹荪洁白、细嫩、爽口，味道鲜美，营养丰富。竹荪所含多糖以半乳糖、葡萄糖、甘露糖和木糖等异多糖为主，所含的多种矿物质中，重要的有锌、铁、铜、硒等。竹荪属于碱性食物，能降低体内胆固醇，减少腹壁脂肪的堆积。新妈妈吃了既能补营养，又没有脂肪堆积的困扰。

宜吃豆腐助消化

豆腐营养丰富，含有铁、钙、磷、镁等人体必需的多种矿物质，还含有植物油和丰富的优质蛋白，素有"植物肉"之美称，豆腐的消化吸收率达 95% 以上。豆腐为补益清热养生食物，可补中益气、清热润燥、生津止渴、清洁胃肠。豆腐除有增加营养、帮助消化、增进食欲的功能外，对牙齿、骨骼的生长发育也颇为有益，有增加血液中铁含量的效果，促进造血功能。消化不良的新妈妈，可以吃些豆腐助消化、增食欲。

宜控制食量

对摄入热量或营养所需量不了解的新妈妈，一定要遵循控制食量、提高品质的原则，尽量做到不偏食、不挑食。如果是为了达到产后瘦身的目的，还要按需进补，积极运动。

宜吃当季食物

新妈妈应该根据产后所处的季节，相应地选取进补的食物，少吃反季节食物。比如春季可以适当吃些野菜，夏季可以多补充些水果羹，秋季食山药，冬季补羊肉等。要根据季节和新妈妈的自身情况，选取合适的食物进补，要做到"吃得对、吃得好"。

宜吃鲤鱼消水肿

鲤鱼中的蛋白质不仅含量高，而且质量也佳，人体消化吸收率可达 96%，并能供给人体必需的氨基酸、微量元素、维生素 A 和维生素 D；鲤鱼的脂肪多为不饱和脂肪酸，能很好地降低胆固醇，有补脾健胃、利水消肿、通乳、清热解毒等作用，对水肿、腹胀、乳汁不通皆有益。鲤鱼产于我国各地淡水河湖、池塘，一年四季均产，但以二月和三月产的最肥。

清炖的鲤鱼，原汁原味，营养价值更高，更适合哺乳妈妈。

不宜过量摄取膳食纤维

膳食纤维可以增加人体粪便的体积，促进排便的顺畅，帮助解决排便困难的难题。但新妈妈在生产后，身体需要大量的营养素来帮助身体恢复，这时摄取过多的膳食纤维，只会影响到身体对其他营养素的吸收，不利于身体恢复。因此新妈妈最好注意均衡摄入，不要过量摄入膳食纤维。

不宜吃过多的保健品

产后新妈妈为了使身体能够快速恢复，会选择吃很多的保健品，但这样的做法并不科学。产后新妈妈体质较弱，食用太多保健品反而会引起身体的不适，还是应当依靠天然健康的食物来达到恢复身体的目的。

忌用药物缓解抑郁

产后抑郁只是暂时现象，短时间就会恢复。新妈妈只需得到家人的理解和呵护，多做些让自己开心的事情，分散注意力，平时选择一些具有抗抑郁功效的食物进补就可以了。如果依靠药物来减轻症状，分解后的药物会随着乳汁的分泌进入宝宝体内，宝宝吸收后身体会有不良反应。

不宜过多摄入脂肪

怀孕期间，孕妈妈为了准备生产及产后哺乳而储存了不少的脂肪，再经过产后4周的滋补，又给身体增加了不少负荷。此时若吃过多含油脂的食物，乳汁会变得浓稠，而对吃母乳的宝宝来说，母乳中的脂肪热量比例已高达56%，再过多地摄入不易消化的大分子脂肪，宝宝的消化系统是承受不了的，容易发生呕吐等症状。再则，新妈妈摄入过多脂肪会增加患糖尿病、心血管疾病的风险；其乳腺管也容易阻塞，患乳腺疾病；脂肪摄入过多对产后瘦身也非常不利。

新鲜蔬菜比保健品更利于新妈妈身体的恢复。

不宜常出去吃饭

宝宝满月了，亲朋好友都要庆贺一下，新妈妈经过 1 个月的休整也可以外出就餐了，但一定要注意控制外出用餐次数。大部分餐厅提供的食物，都会多油、多盐、多糖、多味精，不太适合产后新妈妈进补。不得不在外面就餐时，饭前应喝些清淡的汤，减少红色肉类的摄入，用餐时间控制在 1 小时之内。

不宜长时间喝肉汤

一般来说，新妈妈每天吃 2 个鸡蛋，配合适当的瘦肉、鱼肉、蔬菜水果就够了。奶水充足的不必额外喝大量肉汤，奶水不足的可以喝一些肉汤，但也不必持续 1 个月。摄入脂肪过多，不仅体形不好恢复，而且会导致宝宝腹泻，这是因为奶水中会含有大量脂肪颗粒，宝宝难以吸收，易造成消化不良。

不宜吃熏烤食物

熏烤食物通常是用木材、煤炭做燃料熏烤而成的。在熏烤过程中，燃料会散发出苯并芘污染被熏烤食物，在烟熏火烤的食物中，还含有亚硝胺化合物，苯并芘、亚硝胺化合物都是强致癌物。新妈妈为了自己的身体和宝宝的健康千万不要吃。

另外，一些酱卤肉制品、熏烧烤肉制品、熏煮香肠火腿制品含有过量食物添加剂、亚硝酸盐和复合磷酸盐，新妈妈也不要食用。

红薯不宜单吃

红薯含营养素丰富，它所含的蛋白质和维生素 C、维生素 B_1、维生素 B_2 比苹果高得多，钙、磷、镁、钾含量也很高，尤其是钾的含量，可以说在蔬菜类里排第一位。它还含有大量的优质膳食纤维，有预防便秘等作用。但红薯不宜作主食单一食用，要以大米、馒头为主，辅以红薯。这样既调剂了口味，又不至于对胃肠产生副作用。若单一食用红薯时，可以吃些小拌菜。这样可以减少胃酸，减轻和消除胃肠的不适感。红薯可在胃中产酸，所以胃口不佳及胃酸过多的新妈妈不宜食用。

把红薯做成粥，开胃消食又滋补。

一周私房
月子餐

产后第 22 天

哺乳关键点
- 吃好早餐
- 注意排空乳房
- 勿挤压乳房

非哺乳关键点
- 多陪伴宝宝
- 及时回乳
- 不要过早减肥

芹菜炒猪肝

营养功效：猪肝能补铁养血；芹菜有平肝降压、养血补虚、镇静安神、美容养颜之功效。

原料：新鲜猪肝 100 克，芹菜 50 克，高汤、葱花、姜末、香菜碎、水淀粉、酱油、香油、盐各适量。

做法：

1. 芹菜洗净，切段。
2. 将猪肝洗净，除去筋膜，切成片，放入碗中，加葱花、姜末、水淀粉，搅拌均匀。
3. 在油锅中将葱花、姜末爆香后投入猪肝片，翻炒一会儿加入芹菜，继续翻炒片刻；加入高汤、盐、酱油，以小火煮沸，用水淀粉勾芡，淋入香油，撒上香菜碎即可。

板栗黄焖鸡

营养功效：板栗黄焖鸡补而不腻，还能通过板栗的活血止血之效，促进子宫恢复。

原料：鸡肉 150 克，板栗 100 克，水淀粉、黄酒、白糖、葱段、姜块、香油、酱油、盐各适量。

做法：

1. 将板栗用刀切成两半，放到锅里煮熟后捞出，去壳；鸡肉切块。
2. 油锅烧热，将葱段爆香，再加鸡块煸炒至外皮变色后，加适量清水及盐、姜块、酱油、白糖、黄酒，用中火煮。
3. 煮沸后，用小火焖至鸡肉将要酥烂时，将板栗放下去一起焖。
4. 待鸡肉和板栗都酥透后，用水淀粉勾芡，淋上香油即可。

核桃仁莲藕汤

营养功效：莲藕含丰富的维生素 K，具有收缩血管和止血的作用，对产后第 4 周还排出红色恶露的新妈妈有帮助。

原料：莲藕 150 克，核桃仁 10 克，红糖适量。

做法：

1. 莲藕洗净切成片；核桃仁打碎，备用。
2. 将打碎的核桃仁、莲藕片放入锅内，加清水用小火慢煮至莲藕绵软。
3. 出锅时加适量红糖调味即可。

干贝灌汤饺

营养功效：干贝含有丰富的蛋白质和少量碘，可滋阴补血、益气健脾，做成馅儿，味道更加鲜美，既滋补又不会对胃肠造成负担，适合新妈妈食用。

原料：面粉、肉泥各 100 克，干贝 20 克，白糖、琼脂冻、姜末、盐各适量。

做法：

1. 将面粉加适量清水和盐，揉成面团，稍饧，制成圆皮；琼脂冻切成小丁。
2. 干贝用温水泡发、撕碎，然后将肉泥、干贝、姜末、盐、白糖加适量植物油调制成馅。
3. 取圆皮包入馅料和琼脂冻丁，捏成月牙形，煮熟即可。

香菇豆腐塔

营养功效：豆腐富含易被人体吸收的钙，还是优质蛋白质的良好来源。而且豆腐容易消化，符合本周新妈妈适宜食用豆腐的饮食需求。

原料：豆腐 50 克，香菜 10 克，香菇 20 克，盐适量。

做法：

1. 豆腐洗净，切成四方小块，中心挖空备用。
2. 香菇和香菜一起剁碎，加入适量盐拌匀成馅料。
3. 将馅料填入豆腐中心，摆盘蒸熟即可。

23

产后第 23 天

豌豆炒虾仁

营养功效：豌豆中富含膳食纤维，可以通便，豌豆和虾仁都含有丰富的蛋白质，有利于乳汁的分泌。

原料：虾仁 100 克，嫩豌豆 50 克，鸡汤、盐、水淀粉、香油各适量。

做法：

1 嫩豌豆洗净，放入开水锅中，用淡盐水焯一下，备用。

2 炒锅中放入油，待三成热时，将虾仁入锅，快速划散后倒入漏勺中控油。

3 炒锅内留适量底油，烧热，放入豌豆，翻炒几下，再放入鸡汤、盐，随即放入虾仁，用水淀粉勾薄芡，将炒锅颠翻几下，淋上香油即可。

豆浆小米粥

营养功效：在本周新妈妈大补之时，适时喝些清淡营养的粥品对胃肠极有好处，豆浆小米粥醇香甘甜，适合新妈妈食用。

原料：小米 100 克，黄豆 50 克，蜂蜜适量。

做法：

1 将黄豆泡好，加水磨成豆浆，用纱布过滤去渣，备用。

2 小米洗净，泡 30 分钟，磨成糊状，用纱布过滤去渣。

3 锅中放水，烧开后加入豆浆，再开时撇去浮沫儿，放入小米糊用勺沿一个方向搅匀。

4 出锅前加入适量蜂蜜调匀即可。

清炖鸽子汤

营养功效：民间有"一鸽胜九鸡"的说法，可见鸽肉营养价值很高，鸽肉富含脂肪、蛋白质、维生素 A、钙、铁、铜等营养素，非常适宜新妈妈食用。

原料：鸽子 1 只，香菇、木耳各 20 克，山药 50 克，红枣 4 颗，枸杞子、葱段、姜片、盐各适量。

做法：

1 香菇洗净；木耳泡发后洗净，撕成大片；山药削皮，切块。

2 烧开水，将鸽子放入，去血水、去沫，捞出备用。

3 砂锅放水烧开，放姜片、葱段、红枣、香菇、鸽子，小火炖 1 个小时。

4 再放入枸杞子、木耳，炖 20 分钟。

5 最后放入山药，用小火炖至山药酥烂，加盐调味即可。

莲藕炖牛腩

营养功效：莲藕含有大量的维生素 C 和膳食纤维，对产后便秘的新妈妈十分有益。莲藕富含铁、钙等矿物质，有补益气血、增强免疫力的作用。

原料：牛腩 200 克，莲藕 100 克，红小豆 50 克，姜片、盐各适量。

做法：

1 牛腩洗净，切大块，放入热水中略煮一下；牛腩取出后再过冷水，洗净，沥干。

2 莲藕洗净，去皮，切成大块；红小豆洗净，并用清水浸泡 30 分钟。

3 全部原料放入锅内，加清水大火煮沸。

4 转小火慢煲 2 小时，出锅前加盐调味即可。

板栗鳝鱼煲

营养功效：板栗鳝鱼煲有很强的补益作用，特别是对身体虚弱的产后新妈妈补益效果更为明显。

原料：鳝鱼 200 克，板栗 50 克，姜片、盐、料酒各适量。

做法：

1 鳝鱼去肠及内脏，洗净后用热水焯烫去黏液，切成段，加盐、料酒拌匀，备用；板栗洗净去壳，备用。

2 将鳝鱼段、板栗、姜片一同放入砂锅内，加入适量清水大火煮沸，转小火再煲 1 小时，出锅前加入盐调味。

产后第 24 天

哺乳关键点

不宜外出就餐

禁补大麦制品

拒绝不健康零食

非哺乳关键点

做做恢复操

保养肌肤

劳逸结合

酿茄墩

营养功效：茄子有祛热消肿的作用，可以缓解新妈妈便秘。

原料：茄子、鸡蛋各 1 个，肉馅 100 克，香菇末、香菜末、水淀粉、白糖、盐各适量。

做法：

1 茄子去蒂洗净切段，用小刀挖去茄子段中间部分。

2 在肉馅中放入盐、蛋清，拌匀后，放入挖空的茄墩儿内，撒上香菇末、香菜末，蒸熟后放入盘内。

3 油锅烧热，加入白糖、盐，再加少许水烧开，用水淀粉勾芡，淋在蒸好的茄墩儿上即可。

菠菜粉丝

营养功效：菠菜不仅可以帮助新妈妈补钙，缓解缺钙性腰酸背痛，而且还可以促进胃肠蠕动，缓解产后便秘。

原料：菠菜 150 克，粉丝 50 克，姜末、葱花、盐、香油各适量。

做法：

1 菠菜择洗干净，粉丝洗净，分别用开水焯一下，捞出，沥水。

2 油锅烧热，用葱花、姜末炝锅，放入菠菜、粉丝，加盐稍炒出锅，淋上香油即可。

荠菜魔芋汤

营养功效：魔芋中特有的束水凝胶纤维，可以使肠道保持一定的充盈度，促进肠道的蠕动，加快排便速度，是天然的肠道清道夫，也是产后瘦身食谱中不可缺少的食物。

原料：荠菜 150 克，魔芋 100 克，盐、姜丝各适量。

做法：

1 荠菜去叶择洗干净，切成段，备用。

2 魔芋洗净，切成条，用热水煮 2 分钟，去味，沥干，备用。

3 将魔芋、荠菜、姜丝放入锅内，加清水用大火煮沸，转中火煮至荠菜熟软。

4 出锅前加盐调味即可。

抓炒腰花

营养功效：产后很多新妈妈会有腰酸背痛的症状，此时适量吃些猪腰，可以"以形补形"，还能促使子宫收缩恢复良好。

原料：猪腰 100 克，青椒 50 克，醋、水淀粉、盐、葱末、姜末、香油各适量。

做法：

1 猪腰剖开，去掉腰心，剞斜花刀，改刀成长 3 厘米、宽 1.5 厘米的抹刀片，用水淀粉上浆；青椒洗净，去蒂去子，切片。

2 锅中放油，将腰片逐片下锅；改小火炒 2 分钟，出锅控油；用醋、盐、葱末、姜末、水淀粉调成碗汁。

3 起油锅，倒入碗汁、腰花、青椒片，颠炒几下，淋入香油。

牛肉卤面

营养功效：此道面食滋补胃肠，能促进新妈妈的身体恢复，还有补血的效果，适合整个月子期食用。

原料：面条 100 克，牛肉 50 克，胡萝卜、红椒、竹笋各 20 克，酱油、水淀粉、盐、香油各适量。

做法：

1 将牛肉、胡萝卜、红椒、竹笋洗净，切小丁。

2 面条煮熟，过水后盛入汤碗中。

3 锅中放油烧热，放牛肉煸炒，再放胡萝卜、红椒、竹笋翻炒，加入酱油、盐、水淀粉，浇在面条上，最后再淋几滴香油即可。

产后第 25 天

哺乳关键点

饿了就吃

每天喝碗营养汤

忌辛辣食物

非哺乳关键点

不吃油炸食物

吃粗粮

3 餐一定要规律

通草炖鲫鱼

营养功效：通草有通乳汁的作用，与消肿利水、通乳的鲫鱼、黄豆芽共煮制汤菜，具有温中下气、利水通乳的功效，此道汤品是缺乳的新妈妈必备的一道药膳。

原料：鲫鱼 1 条，黄豆芽 30 克，通草 3 克，盐适量。

做法：

1 将鲫鱼去鳞、鳃、内脏，洗净；黄豆芽洗净。

2 锅置火上，加入适量清水，放入鲫鱼，用小火炖煮 15 分钟。

3 再放入黄豆芽、通草、盐，炖煮 10 分钟，去掉黄豆芽、通草，即可食鱼饮汤。

木耳炒鸡蛋

营养功效：木耳含糖类、蛋白质、维生素和矿物质，有益气强智、止血止痛、补血活血等功效，是产后贫血妈妈重要的保健食物。

原料：鸡蛋 2 个，水发木耳 50 克，葱花、香菜、盐、香油各适量。

做法：

1 将水发木耳洗净，沥水；鸡蛋打入碗内，打散备用。

2 油锅烧热，将鸡蛋液倒入，炒熟后，出锅备用。

3 另起油锅，将木耳放入锅内炒几下，再放入炒好的鸡蛋，加入盐、葱花、香菜调味，淋上香油即可。

核桃红枣粥

营养功效：核桃含B族维生素、维生素C等，能通经脉、黑须发。此粥具有滋阴润肺、补脑益智、润肠通便的功效。

原料：核桃仁20克，红枣2颗，大米30克，冰糖适量。

做法：

1 将大米洗净；红枣去核洗净；核桃仁洗净。

2 将大米、红枣、核桃仁放入锅中，加适量清水，用大火烧沸后改用小火，等大米成粥后，加入冰糖搅拌均匀即可。

香菇鸡汤面

营养功效：鸡汤面可健胃益脾，且富含的水溶性维生素及矿物质都已溶于汤中，便于新妈妈吸收，适合整个月子期食用。

原料：细面条200克，鸡胸肉100克，胡萝卜、香菇各20克，葱花、盐、酱油各适量。

做法：

1 鸡胸肉洗净，切片；锅中加温水，放入鸡胸肉，加盐煮熟，盛出。

2 胡萝卜洗净，去皮，切片；鸡汤加盐和少许酱油调味；香菇入油锅略煎。

3 将煮熟的面条盛入碗中，把胡萝卜片和鸡肉摆在面条上，淋上热鸡汤，再点缀上葱花和煎好的香菇即可。

胡萝卜粥

营养功效：胡萝卜健脾和胃，玉米调中健胃，此粥很适合新妈妈食用。

原料：鲜玉米粒50克，胡萝卜100克，大米60克。

做法：

1 鲜玉米粒洗净；胡萝卜洗净，去皮，切成小块，备用。

2 大米洗净，用清水浸泡30分钟。

3 将大米、胡萝卜块、玉米粒一同放入锅内，加适量清水，大火煮沸，转小火继续煮至大米熟透即可。

产后第 26 天

哺乳关键点

早晚刷牙

睡前 1 杯牛奶

经常检查牙齿

非哺乳关键点

不宜饥饱不一

尽量不吃宵夜

不要熬夜

青椒牛肉片

营养功效：牛肉蛋白质含量高，而脂肪含量低，有补中益气、滋养脾胃、强健筋骨的功效，能提高机体抗病能力，在补血、修复组织等方面特别适宜。

原料：牛肉 200 克，青椒 150 克，盐、葱末、姜末、淀粉各适量。

做法：

1 将牛肉洗净切成薄片，加水、淀粉抓拌均匀，下入七八成热的清水锅中，焯熟捞出，沥水。

2 将青椒去蒂、去子，洗净，切成片。

3 油锅烧热后下入牛肉片，迅速翻炒至肉变色时，将葱末、姜末放入略炒几下，再倒入青椒炒匀，加入盐调味即可。

三鲜冬瓜汤

营养功效：冬笋含有多种维生素和氨基酸，不仅可以增强新妈妈的体质，而且可以预防新妈妈产后便秘。

原料：冬瓜、冬笋各 30 克，西红柿 1 个，鲜香菇 5 朵，油菜 1 棵、盐适量。

做法：

1 冬瓜去皮去子后，洗净，切成片；鲜香菇去蒂，洗净，切成丝；冬笋切成片；西红柿洗净切成片；油菜洗净掰成段。

2 将所有原料一同放入锅中，加清水煮沸；转小火再煮至冬瓜、冬笋熟透。

3 出锅前放盐调味即可。

西蓝花炒猪腰

营养功效：猪腰富含动物蛋白质、铁、锌，西蓝花含维生素 C 丰富，有利于铁的吸收，预防产后贫血。

原料：猪腰 100 克，西蓝花 200 克，葱段、姜片、黄酒、酱油、盐、白糖、水淀粉、香油各适量。

做法：

1 猪腰去除腥臊部分，在黄酒中浸泡一会儿后取出。

2 在锅中放入葱段、姜片，加清水用大火烧开。

3 西蓝花切块，焯一下取出。

4 另起油锅，将葱段、姜片爆香后放入腰花，加酱油、盐、白糖煸炒，之后放入西蓝花一同煸炒，再加水淀粉勾芡，以香油调味即可。

鸡丝菠菜

营养功效：此菜色泽碧绿，鲜咸清香，具有温中、益气、添髓的功效，对产后新妈妈的腰酸腿疼有很好的缓解作用。

原料：熟鸡胸肉 100 克，菠菜 60 克，熟火腿 50 克，蒜片、盐、高汤、水淀粉各适量。

做法：

1 把菠菜择好，洗净，切段，用开水焯一下，捞出沥干；熟鸡胸肉撕成丝；熟火腿切成丝。

2 锅置火上，放油烧热，放入蒜片炒出香味，加上菠菜煸炒几下，放鸡丝、熟火腿丝、盐和高汤。

3 最后用水淀粉勾芡即可。

木瓜牛奶饮

营养功效：牛奶有利于解除疲劳并助眠，非常适合产后体虚而导致神经衰弱的新妈妈，同时牛奶还是新妈妈最好的美肤养肤食物。

原料：木瓜 100 克，鲜牛奶 250 毫升，冰糖适量。

做法：

1 木瓜洗净，去皮去子，切成细丝。

2 木瓜丝放入锅内，加适量水，水没过木瓜即可，大火熬煮至木瓜熟烂。

3 加入鲜牛奶和冰糖，与木瓜一起调匀，再煮至汤微沸即可。

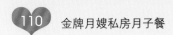

产后第 27 天

鲜虾粥

营养功效：虾的营养价值极高，能增强人体的免疫力。此粥还有催乳作用，可帮助哺乳妈妈分泌乳汁。

原料：虾 50 克，大米 30 克，芹菜、香菜、香油、盐各适量。

做法：

1 大米洗净，放入锅中加适量水开始煮粥。

2 芹菜、香菜洗净，切碎。

3 粥煮熟时，把芹菜、虾放入锅中，放盐，搅拌。

4 继续煮 5 分钟左右，再将香菜放入锅中，淋入香油，煮沸即可。

黄金土豆饼

营养功效：土豆食用后更容易产生饱腹感，是产后瘦身的理想食材。

原料：土豆 100 克，嫩豌豆 50 克，香油、盐适量。

做法：

1 将土豆、嫩豌豆煮熟，捣成泥状，放适量盐，搅拌均匀。

2 揪小团用模具压成心形饼。

3 锅中倒香油，油热后放入土豆饼，煎至两面金黄即可。

三高汤面

营养功效：鸡肉不仅可以增强新妈妈的抵抗力，而且对产后疲劳无力、贫血虚弱有一定的疗效。

原料：面条 50 克，鸡肉 30 克，虾肉 20 克，香菇 2 朵，盐、酱油、料酒各适量。

做法：

1. 将虾肉、鸡肉、香菇洗净，分别切成细条状。
2. 锅中加水，烧沸后放入面条，煮熟。
3. 油锅烧至七成热，放入虾肉、鸡肉、香菇翻炒，加料酒、酱油和适量水，烧开后加盐调味，浇在面条上即可。

蛋奶炖布丁

营养功效：蛋奶炖布丁可养血生精、滋阴养肝、补益脏腑、清热生津、下乳催乳，是产后新妈妈非常喜欢的一道美味甜品。

原料：鲜牛奶 250 毫升，鸡蛋 1 个，白糖适量。

做法：

1. 布丁模洗净擦干，涂一层薄油备用，牛奶分两份，一份加入白糖，放在小火上加热使白糖溶化。
2. 锅中加少量水和白糖，小火慢熬至金黄色后，趁热倒入布丁模内。
3. 鸡蛋搅匀加冷牛奶搅拌，再倒入热牛奶搅匀，用纱布过滤即成蛋奶。
4. 将蛋奶浆倒入布丁模内八分满，入笼小火炖 20 分钟，至蛋浆中心熟透即可出笼，冷却即食。

鸡肝粥

营养功效：鸡肝含丰富的蛋白质、脂肪、糖类、钙、磷、铁及维生素 A 和 B 族维生素。煮粥服食，对血虚头晕、视物昏花的新妈妈有一定的缓解作用。

原料：鸡肝、大米各 100 克，葱花、姜末、盐各适量。

做法：

1. 将鸡肝洗净，切碎；大米洗净。
2. 鸡肝与大米同放锅中，加清水适量，煮为稀粥。
3. 待熟时放入葱花、姜末、盐，再煮 3 分钟即可。

产后第 28 天

哺乳关键点

不偏食、不挑食

生气时不哺乳

哺乳期用药需谨慎

非哺乳关键点

运动时注意强度

不要猛蹲猛站

不喝碳酸饮料

南瓜牛腩饭

营养功效：这道南瓜牛腩饭含有丰富的叶酸，且清淡可口，肉香中混合着南瓜淡淡的甜香，是新妈妈产后美容养颜的佳品。

原料：熟米饭 1 碗，牛肉 100 克，南瓜 50 克，胡萝卜 20 克，高汤、盐各适量。

做法：

1 牛肉洗净切丁；南瓜、胡萝卜分别洗净切丁。

2 将牛肉放入锅中，用高汤煮至八成熟，加入南瓜丁、胡萝卜丁、盐，煮至全部熟软，浇在熟米饭上即可食用。

鹌鹑蛋竹荪汤

营养功效：这道菜既能美颜瘦身又能提高免疫力，还可促进乳汁分泌。

原料：竹荪 50 克，鹌鹑蛋 5 颗，盐、葱花各适量。

做法：

1 竹荪洗净，用清水泡发，备用。

2 鹌鹑蛋洗净，冷水入锅，小火煮沸后，焖 5 分钟，捞出，去壳。

3 锅中倒入适量油烧热，爆香葱花，倒入适量水，放入竹荪、鹌鹑蛋，大火煮开，煲 15 分钟，调入盐即可。

莲子薏米煲鸭汤

营养功效：鸭肉有滋补、养胃、补肾、消水肿、止咳化痰等作用，鸭肉中的脂肪酸熔点低，易于消化，适合产后妈妈食用。

原料：鸭肉 150 克，莲子 10 克，薏米 20 克，葱段、姜片、百合、料酒、白糖、盐各适量。

做法：

1 把鸭肉切成块，放入开水中焯一下捞出后放入锅中。

2 在锅中依次放入葱段、姜片、莲子、百合、薏米，再加入料酒、白糖，倒入适量开水，用大火煲熟。

3 待汤煲好后出锅时加盐调味即可。

草莓牛奶羹

营养功效：草莓含有丰富的维生素 C，可抗氧化；香蕉可清热润肠，促进胃肠蠕动。此羹清香爽口，会让新妈妈从早餐开始快乐一天。

原料：新鲜草莓 10 个，香蕉 1 根，牛奶 250 毫升。

做法：

1 草莓去蒂，洗净，切块；香蕉去皮，放入碗中碾成泥。

2 牛奶加热，然后放入草莓、香蕉泥稍煮一会儿即可。

红小豆山药粥

营养功效：红小豆山药粥含较多的膳食纤维，有助于新妈妈排出体内毒素，保持身材。

原料：红小豆、薏米各 20 克，山药 1 根，燕麦片适量。

做法：

1 红小豆和薏米洗净后，放入锅中，加适量水，用中火烧沸，煮两三分钟，关火，焖 30 分钟。

2 山药削皮，洗净切小块；燕麦片切碎。

3 将山药块和燕麦片倒入锅中，用中火煮沸后，关火，焖熟即可。

Part6

产后第 5 周

新妈妈的身体变化

乳房：挤出多余乳汁

经过前 4 周的调养和护理，本周新妈妈乳汁分泌增加，此时一定要注意乳房的清洁，多余的乳汁一定要挤出来。哺乳时，要让宝宝含住整个乳晕，而不是仅仅含住乳头，避免乳头皲裂和乳腺炎。

胃肠：避免吃太多油脂食物

本周，新妈妈的胃肠功能基本恢复正常，但是对于哺乳新妈妈来说，也要注意控制脂肪的摄入，不要吃太多含油脂的食物，以免对胃肠造成不利影响，也可避免乳汁变浓稠而阻塞乳腺管。

子宫：已经恢复到产前大小

到第 5 周的时候，顺产新妈妈子宫已经恢复到产前大小，剖宫产的新妈妈可能会比顺产的新妈妈恢复稍晚一些。

伤口及疼痛：基本恢复

会阴侧切的新妈妈基本感觉不到疼痛，剖宫产新妈妈偶尔会觉得有些许疼痛，不过大多数新妈妈完全沉浸在照顾宝宝的辛苦和幸福中，并不觉得有多疼。

恶露：恶露几乎没有了

本周，新妈妈的恶露几乎没有了，白带开始正常分泌。从理论上来说是可以进行性生活的，但是仍然会有很多的新妈妈会觉得疼痛和不舒服，所以，最好是在第 6 周后再进行性生活，剖宫产新妈妈则要等到 3 个月之后才能进行性生活。如果本周恶露仍未干净，就要当心是否是子宫复旧不全而导致的恶露不净。

产后第5周饮食宜忌

本周是新妈妈调整体质的黄金期，不要为了急于瘦身而白白浪费了大好机会，但是可以适当减少高脂肪和高热量食物的摄入，取而代之的是更健康、更绿色的饮食。

宜健康减重

在孕期为了保证自己与宝宝的营养需求，孕妈妈总会摄入很多的食物，体重已经增长不少。而在产后为了身体的恢复与哺喂宝宝，新妈妈又进补了很多营养物质，这就很容易引起"产后肥胖症"。为此，在月子期的最后两周，新妈妈应多吃脂肪含量少的食物，如魔芋、竹荪、苹果等，以预防体重增长过快。

宜根据宝宝生长情况调整饮食

宝宝的生长发育与母乳的质量息息相关，而宝宝是否能完全吸收营养，通过大便可以反映出来。如果宝宝的大便呈绿色，且量少、次数多，说明宝宝的"饭"不够吃，就需要妈妈多吃些下奶食物了。如果宝宝的便便呈油状，并且有奶瓣儿，则说明妈妈饮食中脂肪过多，这时妈妈就要少吃脂肪含量高的肉类食物了。

总之，为了宝宝的健康，哺乳妈妈要注意观察宝宝的大便，并随时调整自己的饮食结构，让宝宝健康成长。

宜吃枸杞子增强免疫功能

枸杞子的营养成分丰富，是营养齐全的天然食物。枸杞子中含有大量的蛋白质、氨基酸、维生素和铁、锌、磷、钙等人体必需的养分，有促进和调节免疫功能、保肝和抗衰老的药理作用，具有不可替代的药用价值。另外，所含的枸杞多糖能促进腹腔巨噬细胞的吞噬能力，具有改善人体新陈代谢、调节内分泌、促进蛋白质合成、加速肝脏解毒和受损肝细胞修复的功能。

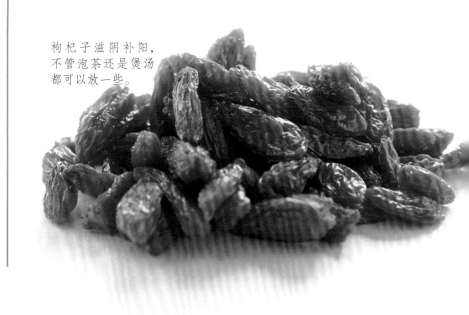

枸杞子滋阴补阳，不管泡茶还是煲汤都可以放一些。

宜平衡摄入与消耗

这一时期新妈妈在饮食上既要满足产后身体的恢复，又要有充足的营养供应给宝宝，因此需要注意饮食的荤素搭配，适量吃些蔬菜和水果，使身体中的营养与消耗达到平衡。而产后第 5 周也是瘦身黄金周，新妈妈可以通过喂奶的方式让体内过多的营养物质通过乳汁排出，以避免体内脂肪堆积。

宜控制脂肪摄取

怀孕期间，新妈妈为了准备生产及哺乳而储存了不少的脂肪，再经过产后 4 周的滋补，又给身体增加了不少负荷，此时若吃过多含油脂的食物，乳汁会变得浓稠，乳腺也容易阻塞，对于产后瘦身也非常不利。

宜服维生素防脱发

新妈妈原本光泽、有韧性的头发会在产后暂时停止生长，并出现明显的脱发症状，这是受到了体内激素的影响。这种症状最长在 1 年之内便可自愈，新妈妈不必过分担心。如果脱发情形严重，可服用维生素 B_1、谷维素等，但一定要在医生指导下服用。

各种新鲜水果搭配起来吃，新妈妈的皮肤会莹润有光泽。

宜加入养颜食材

新妈妈在分娩后体内的雌激素又恢复到先前的水平，所以很容易使妊娠纹更加明显，皮肤变得粗糙、松弛，甚至产生细纹。本周新妈妈可适时增加一些养颜食材，为健康和美丽加分。

各类新鲜水果、蔬菜含有丰富的维生素 C，具有消褪色素的作用。如柠檬、猕猴桃、西红柿、土豆、圆白菜、冬瓜、丝瓜等。

牛奶有改善皮肤细胞活性，延缓皮肤衰老，增强皮肤张力，刺激皮肤新陈代谢，保持皮肤润泽细嫩的作用。谷皮中的维生素 E，能有效抑制过氧化脂质的产生，从而起到干扰黑色素沉淀的作用。适量吃些糙米，补充营养的同时又能预防色斑的生成。

猕猴桃和酸奶美白祛斑，让皮肤充满弹性，但猕猴桃性寒，不可多吃。

不宜过量吃葡萄

葡萄美味多汁，有利尿、补血、消除疲劳、增进食欲的功效。但新妈妈不宜过量吃葡萄，因为葡萄中的葡萄糖会直接被人体吸收，过量食用易导致人体热量急剧增高，而且吃葡萄后不能立刻喝水，这样易产生腹泻等症状。另外，葡萄含糖量较高，患有糖尿病的新妈妈不宜食用。

忌早餐不吃主食

虽然想通过控制进食量来恢复身材，但新妈妈的早餐一定要吃好。新妈妈需要在早餐中摄取人体必需的碳水化合物来维持五脏的正常运作，因此必须吃主食。新妈妈可以选择全麦面包搭配牛奶或豆浆作为早餐，不仅能够提供给身体所需能量，还能帮助瘦身。

忌！小心

不宜过量吃坚果

大多数坚果有益于新妈妈的身体健康，坚果中富含蛋白质、脂肪、碳水化合物，还含有多种维生素、矿物质和膳食纤维等。另外，还含有单、多不饱和脂肪酸，包括亚麻酸、亚油酸等人体必需的脂肪酸。

坚果的营养价值很高，但因油脂含量高，而产后新妈妈消化功能相对减弱，过量食用坚果很容易引起消化不良。坚果的热量很高，50克瓜子仁中所含的热量可相当于1碗米饭，所以，新妈妈每天食用坚果20~30克即可，食用过量，多余的热量就会在体内转化成脂肪，使新妈妈发胖。

坚果热量很高，新妈妈每天吃 20~30 克就可以了。

忌吃隔夜的白菜

白菜味道鲜美，营养丰富，素有"菜中之王"的美称。可是，白菜中含有一定量的硝酸盐，放置时间久后，菜内原有的硝酸盐在硝酸盐还原菌的作用下转化为亚硝酸盐，食用后，易造成机体组织缺氧，不利于身体健康。因此，白菜一定要吃新鲜的，吃多少做多少，尽量不要放置到隔顿来吃。

忌用大黄通便

产后有便秘困扰的新妈妈，忌用大黄及以大黄为主的清热泄水药通便，如三黄片、牛黄解毒片、牛黄上清丸等。大黄味苦性寒，产后服用容易伤脾胃；此外，因为其性寒，哺乳妈妈服用后，宝宝吮食乳汁可引起腹泻，因此哺乳妈妈不宜服用。由于大黄又能活血行瘀，产后新妈妈服用会导致恶露不净。

最好使用刺激性不强又不会产生依赖性的缓泻剂，比如用开塞露塞肛。要注意的是，不论哪种情况，一定要在医生指导下用药。不可乱吃药，吃中药也要三思。

忌产后多吃少动

传统的月子观认为月子要静养，尽量少下床少动，还要进补大量营养，这很容易造成脂肪堆积，并且不运动也不利于新妈妈的恢复。新妈妈要相信科学，及早进行产后锻炼并适当控制食物的摄入量，这样不仅有助于伤口和身体的恢复，也有利于保持优美的体形。

忌私自服药

有些药物新妈妈服用之后会对宝宝产生不良影响，甚至引发严重后果，如引起呕吐、病理性黄疸、耳聋、肝肾功能损害等。因此，产后新妈妈一定要遵守医嘱谨慎用药，千万不可私自服药。

忌营养单一

很多新妈妈在孕期能够做到全面摄入营养，但产后就只挑自己喜欢的吃了，往往新妈妈爱吃的很多食物不但没有营养，反而会对身体健康不利。因此，新妈妈在产后切忌挑食、偏食，务必要做到食物多样化，粗细、荤素搭配合理，以全面补充所需营养。

不宜过量吃火腿

火腿本身是腌制食物，含有大量亚硝酸盐类物质。亚硝酸盐摄入过多，人体不能代谢，蓄积在体内，会对健康产生危害。新妈妈吃太多的火腿，火腿里的亚硝酸盐就会进入到乳汁里，并进入宝宝体内，会给宝宝的健康带来潜在的危害。所以，新妈妈不宜多吃火腿。

火腿是腌制食物，含盐量很高，新妈妈不宜多吃。

一周私房
月子餐

产后第 29 天

29

哺乳关键点

慎食火锅

忌吃过敏食物

不宜空腹喝酸奶

非哺乳关键点

不宜长时间逛街

早睡早起

睡前清洁皮肤

木瓜牛奶蒸蛋

营养功效：木瓜口感好，糖分低，其中的木瓜酶可促进乳腺发育，对新妈妈有催乳下奶的作用，牛奶和鸡蛋更是新妈妈坐月子的必备营养品。

原料：木瓜半个，鸡蛋2个，牛奶200毫升，红糖适量。

做法：

1 木瓜去皮、去子，切块，平铺碗底；鸡蛋打入另一碗内，加红糖搅匀。

2 牛奶加温，加入蛋液内，牛奶和蛋液的比例大概是1:4。

3 把牛奶、蛋液倒入装木瓜的碗里，隔水蒸10分钟即可。

芦笋鸡丝汤

营养功效：芦笋含有多种矿物质和氨基酸，可以缓解产后水肿和各种妇科炎症。

原料：芦笋、鸡胸肉各100克，金针菇20克，鸡蛋清、高汤、淀粉、盐、香油各适量。

做法：

1 鸡胸肉切长丝，用鸡蛋清、盐、淀粉拌匀腌20分钟。

2 芦笋洗净，切成长段；金针菇洗净沥干。

3 鸡肉丝先用开水烫熟，见肉丝散开即捞起沥干。

4 锅中放入高汤，加鸡肉丝、芦笋、金针菇同煮，待熟后加盐，淋上香油即可。

清炒油菜

营养功效：油菜不仅含有丰富的维生素和矿物质，而且有清肠排毒的功效，可以预防产后便秘，同时让新妈妈远离肌肤暗黄。

原料：油菜 400 克，蒜瓣 1 个，盐、白糖、水淀粉各适量。

做法：

1. 油菜洗净，沥干水分。
2. 油锅烧热，放入蒜瓣爆出香味。
3. 油菜下锅炒至三成熟，在菜根部撒少许盐。
4. 炒匀至六成熟，加少许白糖，淋入水淀粉勾芡即成。

芹菜炒香菇

营养功效：此菜平肝清热，益气和血，可缓解产后新妈妈神经衰弱。此外，经过前 4 周的滋补，吃点素菜，会令新妈妈感觉清爽。

原料：芹菜 60 克，香菇 50 克，醋、盐、水淀粉各适量。

做法：

1. 芹菜去叶、根，洗净，剖开，切成 4 厘米长的段；香菇洗净，切片。
2. 醋、水淀粉混合后装在碗里，加水约 50 毫升兑成芡汁备用。
3. 油锅烧热后，倒入芹菜煸炒 2 分钟，放入香菇片迅速炒匀，再加入盐稍炒，淋入芡汁，快速翻炒几下起锅即可。

奶油白菜

营养功效：此菜口味清淡，营养丰富，可以帮助口味重的新妈妈降低对盐的摄入。

原料：白菜 100 克，牛奶 120 毫升，盐、高汤、水淀粉各适量。

做法：

1. 白菜切小段，将牛奶倒入水淀粉中搅匀。
2. 油锅烧热，倒入白菜，再加些高汤，烧至七成熟。
3. 放入盐，倒入调好的牛奶汁，再烧开即可。

产后第30天

哺乳关键点

不过量食醋

不宜只吃1种主食

不宜吃巧克力

非哺乳关键点

注意控制体重

外出要防晒

不饮用咖啡

牛肉萝卜汤

营养功效：牛肉富含蛋白质，可以补中益气、滋养脾胃、强健筋骨。白萝卜能增强机体免疫力，并能抑制癌细胞的生长，对防癌、抗癌有重要作用。

原料：牛肉、白萝卜各100克，香菜碎、酱油、香油、盐、葱末、姜末各适量。

做法：

1 将白萝卜洗净，切成片；牛肉洗净切成丝，放入碗内，加酱油、盐、香油、葱末、姜末醃渍片刻。

2 锅中放入适量开水，先放入白萝卜片，煮沸后放入牛肉丝，稍煮。

3 等牛肉丝煮熟后加盐调味，撒上香菜碎即可。

小鸡炖蘑菇

营养功效：鸡肉和蘑菇能增强人体免疫力，具有抗病毒的作用。蘑菇中的膳食纤维还对预防便秘十分有利。

原料：童子鸡200克，蘑菇8朵，葱段、姜片、酱油、料酒、盐、白糖各适量。

做法：

1 将童子鸡剖洗干净，剁成小块。

2 将蘑菇用温水泡开，洗净备用。

3 将鸡块放入锅中翻炒，至鸡肉变色放入葱段、姜片、盐、酱油、白糖、料酒，将颜色炒匀，加入适量水；水沸后放入蘑菇，中火炖熟即可。

豆芽炒肉丁

营养功效：黄豆芽有利水消肿的功效，对产后水肿有一定的缓解。

原料：黄豆芽100克，猪肉150克，高汤、盐、酱油、白糖、葱段、姜片、淀粉各适量。

做法：

1 将黄豆芽洗净去皮，沥去水；猪肉洗净，切成小丁，用淀粉抓匀上浆。

2 将猪肉丁放入锅中翻炒，倒入漏勺沥油。

3 锅中放入葱段、姜片，放入黄豆芽、酱油略炒，再放入白糖，加高汤、盐，用小火煮熟，放入猪肉丁炒匀，再用淀粉勾芡即可。

黄花鱼豆腐煲

营养功效：黄花鱼含有丰富的B族维生素，有健脾升胃、益气填精的功效。

原料：黄花鱼1条，水发香菇4朵，春笋20克，豆腐1块，高汤、料酒、酱油、盐、白糖、香油、水淀粉各适量。

做法：

1 将黄花鱼去鳞、鳃、内脏，洗净，切成2段，放在碗中，加酱油浸泡一下。

2 豆腐切小块；水发香菇、春笋切片。

3 黄花鱼放入锅中，煎至两面结皮、色金黄时，加酱油、料酒、白糖、春笋片、香菇片，高汤烧沸，放入豆腐块，转小火加盐调味，炖至熟透，用水淀粉勾芡，淋入香油。

羊肝萝卜粥

营羊功效：羊肝含铁丰富，铁质是生产血红蛋白必需的元素，可使皮肤红润；羊肝中还富含维生素B_2，能促进身体的代谢。

原料：羊肝、胡萝卜各50克，大米30克，料酒、葱花、姜末、盐各适量。

做法：

1 将羊肝洗净，切片；胡萝卜洗净，切成小丁；羊肝用料酒、姜末腌10分钟。

2 羊肝倒入锅中，用大火略炒，盛起。

3 将大米用大火熬成粥后加入胡萝卜丁，焖15~20分钟，再加入羊肝，放入盐和葱花即可。

31

产后第31天

哺乳关键点

少吃盐

两餐之间吃水果

少吃热性食物

非哺乳关键点

更换不合适的内衣

远离新装修的房子

运动时不要缺水

嫩炒牛肉片

营养功效：牛肉的蛋白质含量很高，脂肪含量却较低，可以使新妈妈在补充能量的同时，不必担心产后肥胖。

原料：牛肉250克，葱丝、姜丝、香油、酱油、料酒、水淀粉、盐各适量。

做法：

1 将牛肉切成薄片，放在碗里，加适量水淀粉，抓拌均匀。

2 油锅烧热，将牛肉片放入锅中，用筷子划开炒熟，之后放入葱丝、姜丝、料酒、酱油、盐翻炒几下，用水淀粉勾芡，淋上香油即可。

香菇鸡片

营养功效：香菇含有丰富的抗氧化物质，鸡肉温和滋补，二者同食，对提高新妈妈的免疫力、补养气血有很好的促进作用。

原料：鸡胸肉150克，香菇4朵，红椒半个，姜片、盐、香油、高汤各适量。

做法：

1 香菇去蒂，洗净，切片；红椒洗净，去蒂去子，切片；鸡胸肉洗净，切片，焯水备用。

2 锅内放适量油，炒鸡肉至变色，盛出。

3 另起锅倒入适量油，煸香姜片，再放入香菇片和红椒片翻炒，炒软放入少量高汤烧开，再放盐和香油，倒入炒好的鸡片，再次翻炒，大火收汁即可。

荔枝虾仁

营养功效：此菜含有丰富的营养，味道鲜美，适合产后食欲不佳的新妈妈食用。

原料：虾仁 200 克，荔枝 50 克，鸡蛋清 30 克，盐、水淀粉、葱末、姜丝各适量。

做法：

1 将虾仁洗净，改刀成丁，加盐、鸡蛋清、水淀粉拌匀。

2 将荔枝去皮，去核，荔枝肉切成丁备用。

3 将盐加入水淀粉中，调匀成调味汁备用。

4 炒锅倒油烧至六成热，放入虾仁炒散，再放入葱末、姜丝、荔枝丁略炒，烹入调味汁炒匀即可。

松仁玉米

营养功效：此菜滋味香甜，对脾肺气虚、肺燥咳嗽、皮肤干燥、大便干结有一定效果，同时也是预防产后肥胖症的良好膳食。

原料：甜玉米粒 160 克，松子 50 克，青、红椒各 10 克，葱段、白糖、盐各适量。

做法：

1 松子用小火焙至上色后立即取出，备用。

2 将甜玉米粒焯水后捞出，沥干水分。

3 青、红椒洗净，切小丁。

4 锅中加入少许油，小火爆香葱段后倒入剩余所有原料，转中火快速翻炒。

5 调入白糖和盐炒匀。

凉拌魔芋丝

营养功效：魔芋含有人体所需的10 多种氨基酸和多种矿物质，具有低蛋白、低脂肪、高膳食纤维的特点，有排毒、减肥、通便等作用。

原料：魔芋丝 200 克，黄瓜 80 克，芝麻酱、酱油、醋、盐各适量。

做法：

1 黄瓜洗净，切丝；魔芋丝用开水烫熟，晾凉。

2 芝麻酱用水调开，加适量的酱油、醋、盐，调成小料。

3 将魔芋丝和黄瓜丝放入盘内，倒入小料，拌匀即可。

产后第32天

哺乳关键点

- 夏天增加饮水量
- 出汗不宜立刻进空调房
- 不穿过紧的胸罩

非哺乳关键点

- 注意腿部保暖
- 喝温开水
- 饭菜趁热吃

海参当归补气汤

营养功效：此汤可以改善腰酸乏力、困乏倦怠等状况。海参是零胆固醇的食物，蛋白质高，适合产后虚弱、消瘦乏力、肾虚水肿的妈妈食用。

原料：海参50克，黄花菜、荷兰豆各30克，当归、百合、姜丝、盐各适量。

做法：

1. 先用热水将海参泡发，从腹下开口取出内脏，放入锅中煮一会儿，捞出，沥干水；黄花菜泡好，沥干，备用。
2. 锅中爆香姜丝，放入泡好的黄花菜、荷兰豆、当归，加入适量清水煮沸。
3. 最后加入百合、海参，用大火煮透后，加入盐调味即可。

茄子炒牛肉

营养功效：茄子对预防产后痔疮有一定的疗效。

原料：熟牛肉100克，茄子150克，水淀粉、葱段、盐各适量。

做法：

1. 将熟牛肉切成小片；茄子洗净，切片。
2. 将茄子片放入锅中煸炒，加入盐，将熟时放入牛肉片。
3. 炒一会儿后撒下葱段，调味炒熟，加水淀粉勾芡即可。

什锦海鲜面

营养功效：鱿鱼富含蛋白质、钙、磷、铁、硒、碘、锰、铜等矿物质，可以补充脑力；鲑鱼肉有补虚劳、健脾胃、暖胃和中的功效。

原料：面条 50 克，蛤蜊 2 个，虾 2 只，鱿鱼 1 条，鲑鱼肉 20 克，香菇 2 朵，里脊肉 15 克，葱段、香油、盐各适量。

做法：

1 虾洗净，挑出肠线；鱿鱼、里脊肉切片；蛤蜊吐沙。

2 香油倒入锅中烧热，放葱段和里脊肉片炒香，之后放入虾、蛤蜊、香菇和适量水煮开。

3 将鱿鱼、鲑鱼放入锅中煮熟，加盐调味后盛入碗中。

4 面条用开水煮熟，捞起放入碗里即可。

红小豆冬瓜粥

营养功效：红小豆有清心养神、健脾益肾的功效；还有较多的膳食纤维，具有良好的润肠通便、降血压、降血脂、调节血糖、解毒抗癌、预防结石、健美减肥的作用。

原料：大米 30 克，红小豆 20 克，冬瓜、白糖各适量。

做法：

1 红小豆和大米洗净，泡发；冬瓜去皮，切片。

2 在锅中加适量清水，用大火烧沸后，放入红小豆和大米，煮至红小豆开裂，加入冬瓜同煮。

3 熬至冬瓜呈透明状，加白糖即可。

银耳樱桃粥

营养功效：樱桃中含有铁、磷等矿物质，可促进血红蛋白再生，既可预防缺铁性贫血，又能补钙。

原料：银耳 20 克，樱桃、大米各 30 克，糖桂花、冰糖各适量。

做法：

1 银耳用冷水浸泡回软，洗净，撕成片；樱桃去柄，洗净。

2 大米淘洗干净，用冷水浸泡半小时，捞出，沥干水分。

3 锅中加适量清水，放入大米，先用大火烧沸，再改用小火熬煮。

4 待米粒软烂时，加入银耳，再煮10 分钟左右，放入樱桃，加糖桂花拌匀，煮沸后加冰糖。

产后第33天

红烧牛肉

营养功效：牛肉可以增强免疫力，促进蛋白质的新陈代谢和合成，从而有助于产后妈妈身体的恢复。

原料：牛肉100克，土豆、胡萝卜各20克，姜片、酱油、料酒、白糖、淀粉、盐各适量。

做法：

1 将牛肉洗净后切成块，用酱油、淀粉、料酒腌制。

2 土豆、胡萝卜洗净后切成块。

3 姜片在锅中爆香，放入牛肉翻炒，倒入酱油，调入白糖，加适量清水，用中火烧开。

4 放入土豆块、胡萝卜块，待牛肉熟烂，加盐调味即可。

清炖鲫鱼

营养功效：大白菜和木耳富含多种营养成分，有养血活血的作用；豆腐中含有大量的钙及卵磷脂。

原料：鲫鱼1条，大白菜100克，豆腐50克，冬笋、水发木耳、姜片、料酒、盐各适量。

做法：

1 鲫鱼去鳞及内脏，洗净后，放入锅中加油煎炸至微黄，放入料酒、姜片，加适量清水煮开。

2 大白菜洗净切块，豆腐切成小块。

3 将大白菜、豆腐块、冬笋、木耳放入鲫鱼汤中，中火煮熟后，加盐调味即可。

菠菜肉末粥

营养功效：菠菜中含有丰富的铁和叶酸，新妈妈食用后可以提高乳汁质量，让宝宝更聪明，更健康。

原料：大米 30 克，菠菜 50 克，猪肉末 20 克，盐、葱花各适量。

做法：

1. 大米洗净，放入锅内，加适量水，大火烧开后转中小火熬至稀粥状；菠菜洗净切碎备用。

2. 在油锅中将葱花爆香，放入肉末翻炒。

3. 待肉末变色，加盐再翻炒几下，待熟后放入粥中，搅匀，放入菠菜碎，烧煮片刻即可。

银耳羹

营养功效：银耳富含可溶性膳食纤维，对宝宝和妈妈的健康都十分有益。银耳还富含硒等微量元素，它可以增强妈妈的免疫力，帮助恢复体质。

原料：银耳 30 克，樱桃、草莓、冰糖、淀粉、核桃仁各适量。

做法：

1. 银耳洗净，切碎；樱桃、草莓洗净。

2. 将银耳放入锅中，加适量清水，用大火烧开，转小火煮 30 分钟，加入冰糖、淀粉稍煮。

3. 放入樱桃、草莓、核桃仁，稍煮即可。

西红柿山药粥

营养功效：西红柿具有生津止渴、健胃消食、改善食欲等功效。山药是补益类的良药，具有健脾胃的功效，可辅助治疗脾虚食少等病症。

原料：西红柿 1 个，山药 15 克，大米 50 克，盐适量。

做法：

1. 山药洗净，切片；西红柿洗净，切块；大米洗净，备用。

2. 将大米、山药放入锅中，加适量水，用大火烧沸。

3. 之后用小火煮至粥状，加入西红柿块，煮 10 分钟，加盐调味即可。

产后第 34 天

哺乳关键点

不宜喝茶

不让宝宝含着乳头睡

心胸要开阔

非哺乳关键点

制订瘦身计划

做有氧运动

不可过度节食

香蕉牛奶草莓粥

营养功效：草莓含有丰富的维生素 C，可帮助消化；香蕉可清热润肠，促进胃肠蠕动。此粥清香爽口，会让新妈妈心情愉快。适合作为早餐和加餐食用。

原料：香蕉 1 根，新鲜草莓 5 个，牛奶 250 毫升，大米 80 克。

做法：

1 草莓去蒂，洗净，切成块；香蕉去皮，放入碗中碾成泥；大米洗净。

2 将大米放入锅中，加适量清水，大火煮沸，放入草莓、香蕉泥同煮至熟，倒入牛奶，稍煮即可。

燕麦南瓜粥

营养功效：燕麦中含有丰富的亚油酸，可预防和缓解新妈妈产后水肿、便秘；同时还含有钙、磷、铁、锌等矿物质。和南瓜同食，还是天然、健康的产后瘦身佳品。

原料：燕麦、大米各 1 小把，南瓜 1 块，盐适量。

做法：

1 南瓜洗净削皮，切成小块；大米洗净，用清水浸泡半小时。

2 将大米放入锅中，加水适量，大火煮沸后换小火煮 20 分钟；然后放入南瓜块，小火煮 10 分钟；再加入燕麦，继续用小火煮 10 分钟。

3 熄火后，加入盐调味。

葱烧海参

营养功效：可滋阴、补血、通乳，主治产后体虚缺乳。

原料：海参1个，葱段、姜片、白糖、水淀粉、酱油、盐、熟猪油各适量。

高汤水饺

营养功效：此款水饺含有丰富的动物性和植物性蛋白质及糖类，还含有多种维生素、矿物质和膳食纤维等，有滋补作用。

原料：猪肉200克，芹菜100克，面粉、鸡汤、盐、葱花、姜末、酱油各适量。

豌豆鸡丝

营养功效：豌豆中的蛋白质含量丰富，并且含有人体所必需的8种氨基酸，常吃有助于增强人体免疫功能。

原料：豌豆150克，熟鸡丝100克，蒜片、盐、高汤、水淀粉各适量。

做法：

1 海参去肠，切成大片，用开水焯烫一下捞出。

2 锅中放入熟猪油，烧到八成热，放入葱段，炸成金黄色后捞出，葱油倒出一部分备用。

3 将留在锅中的葱油烧热，放入海参和姜片，调入酱油、白糖、盐，用中火煨熟海参，调入水淀粉勾芡，淋入备用的葱油即可。

做法：

1 芹菜择好洗净，切碎。

2 猪肉洗净，剁成泥，加酱油、盐、葱花、姜末及适量水搅拌均匀，包饺子时，加入芹菜碎调拌成馅。

3 面粉和面团搓成细条，揪剂，擀成薄皮，将调好的馅包入皮中成水饺。

4 锅中放入清水，用大火烧开，放入包好的饺子，煮至八成熟捞出，再放入煮沸的鸡汤中，约煮2分钟，加盐、葱花略煮，盛入碗内。

做法：

1 将豌豆洗净，放入开水中焯烫至熟，捞出用凉水冲洗，控干水分，备用。

2 在锅中将蒜片爆香，放入豌豆、鸡丝煸炒，再加入盐和高汤烧沸。

3 待豌豆、鸡丝入味后，用水淀粉勾芡，翻炒均匀即可。

产后第 35 天

香菇玉米粥

营养功效：香菇具有增强免疫力、补充体力的功效，玉米甜香可口，含有丰富的膳食纤维。

原料：大米、玉米粒各 30 克，香菇 3 朵，猪瘦肉、淀粉、盐各适量。

肉末豆腐羹

营养功效：此菜营养丰富，是获得优质蛋白质、B 族维生素和矿物质、磷脂的良好来源。木耳、黄花菜有很好的健脑益智作用。

原料：豆腐 100 克，肉末 50 克，水发黄花菜 15 克，酱油、盐、水淀粉、葱花、高汤各适量。

做法：

1 猪瘦肉洗净切粒，拌入淀粉；玉米粒洗净；大米洗净后拌入植物油。

2 香菇用冷水泡软，去蒂，切片，再拌入植物油备用。

3 在锅中加入适量清水，用大火煮开后将猪瘦肉、玉米粒、大米、香菇一同放入锅中，用小火煮熟，最后加盐调味即可。

做法：

1 将豆腐切成小丁，用开水烫一下，捞出用凉水过凉备用。

2 黄花菜择洗干净，切成小段。

3 将高汤倒入锅内，加入肉末、黄花菜段、豆腐丁、酱油、盐，煮沸至豆腐中间起蜂窝、浮于汤面时，淋上水淀粉，撒上葱花即可。

哺乳关键点

用药之前看说明

洗澡后不要马上哺乳

每天可以吃五六餐

非哺乳关键点

家务要适量做

不宜轻视失眠

不要总抱着宝宝

冬瓜海带排骨汤

营养功效：冬瓜有利尿消肿、减肥、清热解暑的功效；海带含有丰富的钙，还有降血压的作用；排骨含有大量磷酸钙、骨胶原、骨黏蛋白等，可为产后妈妈提供钙质。

原料：猪排骨 200 克，冬瓜 100 克，海带、香菜碎、姜片、料酒、盐各适量。

做法：

1. 海带先用清水洗净泡软，切成丝；冬瓜连皮切成大块；排骨斩块。
2. 将已斩块的排骨放入烧开的水中略烫，捞起。
3. 将海带、排骨、冬瓜、姜片一起放进锅里，加适量清水，用大火烧开 15 分钟后，用小火煲熟。
4. 快起锅的时候，加料酒、盐调味，撒上香菜碎即可。

芹菜炒土豆丝

营养功效：芹菜含有丰富的膳食纤维，可预防产后便秘。土豆还可以为产后新妈妈提供热量，以增强体能。

原料：土豆、芹菜各 100 克，胡萝卜丝、葱段、盐、酱油、醋各适量。

做法：

1. 把土豆削去皮，切成丝；芹菜择去叶、根，切成长段。
2. 将酱油、盐、醋放入碗内，兑成汁。
3. 油锅烧热，放入土豆丝翻炒。
4. 放入芹菜段、胡萝卜丝，迅速炒拌均匀，倒入兑好的汁，撒上葱段，翻炒入味，出锅装盘即可。

木耳粥

营养功效：木耳能养血驻颜，令人肌肤红润、容光焕发，并可预防缺铁性贫血。此粥还能增强产后新妈妈的免疫力，促进身体机能的恢复。

原料：大米 50 克，木耳 20 克，白糖适量。

做法：

1. 大米洗净，用冷水浸泡后，捞出，沥干水分；木耳用冷水泡软，洗净，撕成小块。
2. 锅中加入适量清水，倒入大米，用大火煮沸。
3. 改小火煮约 30 分钟，等米粒涨开以后，放入木耳拌匀，以小火继续熬煮约 10 分钟。
4. 见大米软烂时加白糖调味即可。

Part7

产后第 6 周

新妈妈的身体变化

乳房：防止下垂

在哺乳期要避免体重增加过多，因为肥胖也能导致乳房下垂。哺乳期的乳房呵护对预防乳房下垂特别重要，由于新妈妈在哺乳期乳腺内充满乳汁，重量明显增大，更容易加重下垂的程度。在这一关键时期，一定要讲究戴胸罩，同时要注意乳房卫生，防止发生感染。停止哺乳后更要注意乳房呵护，以防乳房突然变小使下垂加重。

胃肠：完全适应产后饮食

基本上没有什么不适感，瘦身食谱的使用，令胃肠变得很轻松。

子宫：完全恢复

本周，新妈妈的子宫内膜已经复原。子宫体积已经慢慢收缩到原来的大小，子宫已经无法摸到。

伤口及疼痛：已无感觉

到了本周末，与宝宝一起去做产后检查时，才想起伤口上的痛，估计是一种心理上的条件反射。新妈妈大可不必在意。

恶露：完全消失

上一周恶露已经完全消失，但有些新妈妈发现已经开始来月经了。产后首次月经的恢复及排卵的时间都会受哺乳影响，不哺乳的妈妈通常在产后 6~10 周就可能出现月经，而哺乳妈妈的月经恢复时间一般会延迟一段时间。

排泄：次数增加

争取让摄入的食物快快消耗掉，以免储存在身体里变成负担。产后 1 个月开始有意识地加强瘦身锻炼和执行瘦身食谱，新妈妈会发现，排便的次数会增加，但没有腹泻症状，那是奇妙的瘦身食材在发挥作用。

产后第 6 周饮食宜忌

产后第 6 周,瘦身应被新妈妈逐渐提上议事日程,此时应注重食物的质量,少食用高脂肪、高蛋白、不易消化的食物,以便瘦身。

宜适当瘦身

本周,产后妈妈可以适当瘦身了,不过不能过度劳累或强制减肥。产后瘦身也需要吃一些水果,如香蕉、苹果、橙子。香蕉的脂肪很低,可以帮助瘦腿;苹果可以提高脂肪代谢的速度,减少下身的脂肪;橙子含有丰富的维生素,不含脂肪。新妈妈还可以吃些利尿、消肿、排毒的食物,如冬瓜、豆腐、西红柿等。

宜饮食 + 运动瘦身

新妈妈在身体恢复得不错的情况下,可以从饮食和运动两方面达到瘦身的效果。饮食要清淡,在滋补的同时多摄取一些蔬菜、水果和多种谷物。此外,可适宜进行瘦身

锻炼,但是,锻炼的时间不可过长,运动量也不能过大,要注意循序渐进,逐渐增加运动量。

宜增加膳食纤维的摄入量

膳食纤维具有纤体排毒的功效,因此妈妈在平日 3 餐中应多摄取芹菜、南瓜、红薯与芋头这些富含膳食纤维的蔬菜,可以促进肠胃蠕动,减少脂肪堆积。

宜吃蔬果皮,瘦身又排毒

冬瓜皮、西瓜皮和黄瓜皮这 3 种蔬果皮,在所有蔬果皮中最具清热利温、消脂瘦身的功效,因此可常将 3 种蔬果皮加在餐中。

食用西瓜皮需先刮去蜡质外皮,冬瓜皮需刮去绒毛硬质外皮,黄瓜皮可直接食用。也可将 3 皮一起焯熟,冷却后加盐和醋拌成凉菜食用。

产后瘦身宜多食用苹果

苹果营养丰富,热量不高,而且是碱性食物,可增强体力和抗病能力。苹果果胶属于可溶性膳食纤维,不但能加快胆固醇代谢,有效降低胆固醇水平,更可加快脂肪代谢。所以,产后妈妈瘦身应多吃苹果。

南瓜、红薯等膳食纤维含量高,想要瘦身的妈妈适量多吃些。

便秘时忌进行瘦身

产后水分的大量排出和胃肠功能失调极易引发便秘，而便秘时不宜瘦身，应有意识地多喝水和多吃富含膳食纤维的蔬菜，如莲藕、芹菜等，便秘较严重时可以多喝酸奶。

瘦身忌盲目吃减肥药

跟开展任何一项瘦身活动一样，在开始有规律的体育运动之前，需要得到医生的认可。产后减肥需要考虑到膳食等多方面的因素，不能盲目吃减肥药瘦身，应该科学健康地瘦身。

贫血时忌瘦身

如果分娩时失血过多，会造成贫血，使产后恢复缓慢，在没有解决贫血的基础上瘦身势必会加重贫血。所以，产后妈妈若贫血一定不能减肥，要多吃含铁丰富的食物，如菠菜、红糖、鱼、肉类、动物肝脏等。

产后不宜强制瘦身

产后 42 天内，不能盲目节食减肥。因为身体还未完全恢复到孕前的程度，加之还担负哺育任务，此时正是需要补充营养的时候。产后强制节食，不仅会导致新妈妈身体恢复慢，严重的还有可能引发产后各种并发症。

不宜过量食用荔枝

荔枝属于热性水果，过量食用容易产生便秘、口舌生疮等上火症状，而且荔枝含糖量高，易引起血糖过高，使新妈妈患上糖尿病。所以，新妈妈不要吃太多荔枝。

忌 1 天吃 2 顿

有些新妈妈在产后第 6 周为了尽快瘦身，采用 1 天只吃早午两餐，晚餐不吃的做法，这种做法会使身体的新陈代谢率降低，不仅达不到瘦身的目的，还会引起一些胃肠疾病。建议新妈妈每天定时定量吃饭。白天的活动量较晚上大，因此早餐和午餐可以吃得相对多一些，而晚上活动量减少，可吃得少一些。

忌！小心

吃荔枝易上火，每天五六个就可以了。

产后第 36 天

哺乳关键点

压力不可过大

听听舒缓的音乐

找机会放松身心

非哺乳关键点

少吃高热量食物

体虚要调理

早餐要营养

三色补血汤

营养功效：此汤清热补血、养心安神，是产后新妈妈补血养颜的佳品。

原料：南瓜 50 克，银耳、莲子各 10 克，红枣 5 颗，红糖适量。

做法：

1 南瓜洗净，对半剖开后去子，带皮切成滚刀块。

2 莲子剥去苦心；红枣去除枣核，洗净备用；银耳泡发后，撕成小朵，去除根蒂。

3 将南瓜块、莲子、红枣、泡发银耳和红糖一起放入砂锅中，再加入适量温水，大火烧开后转小火慢慢煲煮约 30 分钟，将南瓜煲煮至熟烂即可。

生地乌鸡汤

营养功效：乌鸡可以为新妈妈补血补铁，而且其肉鲜嫩易消化，即使胃肠功能不佳的新妈妈也可以食用。

原料：乌鸡 1 只，生地 120 克，姜片、盐、料酒、白糖各适量。

做法：

1 将乌鸡洗净；生姜洗净去皮，拍烂；生地用料酒洗净后切片，用白糖拌匀。

2 将生地放入乌鸡腹中，放入炖盅内，加适量水、姜片，大火煮开，改用小火炖至乌鸡肉熟烂。

3 汤成后，加入适量盐调味即可。

南瓜金针菇汤

营养功效：金针菇有健脑增智的功效，新妈妈食用后，可以令自己和宝宝更聪明。

原料：南瓜 100 克，金针菇 50 克，高汤、盐各适量。

做法：

1. 南瓜切块；金针菇切段。
2. 将南瓜放入锅中，加入高汤、清水，用大火煮沸后转小火煲 15 分钟。
3. 加入金针菇转大火，熟后加盐即可。

海参木耳小豆腐

营养功效：此菜具有补肾益气、填精养血的功效，可改善产后妈妈的贫血症状。

原料：泡发海参 30 克，豆腐 50 克，干木耳 10 克，芦笋、胡萝卜、葱末、姜末、黄瓜、盐、水淀粉各适量。

做法：

1. 海参、芦笋、胡萝卜洗净切丁；木耳泡发切碎；黄瓜洗净，切片。
2. 用开水将海参焯熟捞出；再焯熟芦笋丁，捞出。
3. 油锅烧热，爆香葱末、姜末，放入胡萝卜丁、海参和木耳，加入适量水。
4. 烧沸后倒入豆腐丁、芦笋丁、黄瓜片，加盐调味，最后用水淀粉勾芡。

软熘虾仁腰花

营养功效：这道菜鲜嫩润口，色泽美观，具有补充钙及维生素的功效，新妈妈常吃可提高乳汁质量。

原料：鲜虾仁 80 克，猪腰 100 克，枸杞子 5 克，山药 20 克，蛋清、盐、酱油、料酒、米醋、白糖、淀粉、葱末、姜末、蒜末各适量。

做法：

1. 山药去皮切丁，用少量油煸熟；鲜虾仁加淀粉、蛋清上浆。
2. 猪腰洗净，切腰花，用盐、酱油、料酒、米醋、白糖腌制。
3. 油锅烧热，将腰花炒熟，盛出。
4. 锅里留底油，放葱末、姜末、蒜末炝锅，炒虾仁，然后放入腰花、枸杞子、山药丁，熘炒至熟，加盐调味。

产后第 37 天

哺乳关键点

不要强拔乳头

不要让宝宝只吃一侧乳房

检查乳房是否有硬块

非哺乳关键点

预防乳房下垂

不要过早工作

预防坐骨神经痛

芹菜竹笋汤

营养功效：竹笋具有低脂肪、低糖、膳食纤维含量高的特点，能促进肠道蠕动，帮助消化，缓解便秘。芹菜还有利于产后妈妈强身健体，提高免疫力。

原料：芹菜 100 克，竹笋、肉丝、盐、酱油、淀粉、高汤各适量。

做法：

1　芹菜洗净，切段；竹笋洗净，切丝；肉丝用盐、淀粉、酱油腌约 5 分钟备用。

2　高汤倒入锅中煮开后，放入芹菜、笋丝，煮至芹菜软化，再加入肉丝。

3　待肉熟透后加入盐调味即可。

什锦鸡粥

营养功效：此粥含有丰富的蛋白质、脂肪、碳水化合物、钙、磷、铁、B 族维生素等多种营养素，能够滋养五脏，补血益气，增强抵抗力。

原料：鸡翅 1 个，香菇 3 朵，虾 5 只，大米 30 克，青菜、葱花、姜末、盐各适量。

做法：

1　鸡翅洗净用沸水烫一下取出；香菇切块；青菜洗净切碎；大米洗净。

2　虾去壳，洗净后切细，用开水烫一下，捞出沥干。

3　锅内倒入适量清水，放入鸡翅、姜末、葱花，用大火煮开后，改用小火再煮，去其浮油。

4　将大米倒入锅内，用中火煮沸，约 20 分钟后，依次加入虾、香菇、青菜搅匀，待粥熟后加盐调味。

高汤娃娃菜

营养功效：娃娃菜不仅可以清热除燥，利尿通便，而且含有丰富的叶酸，对宝宝的大脑发育很有好处。

原料：高汤 200 毫升，娃娃菜 200 克，香菇 2 朵，盐、香油各适量。

做法：

1. 将娃娃菜洗净，叶片分开；香菇洗净，掰开。
2. 高汤倒入锅中，汤煮开后放入娃娃菜。
3. 汤再沸时，放入香菇，淋入香油，最后加盐调味即可。

莲子猪肚汤

营养功效：莲子具有补脾止泻、益肾固精、养心安神的功效；猪肚有补中益气、益脾胃、助消化的作用。此汤可以帮助产后妈妈健脾益胃、补虚益气。

原料：猪肚 100 克，莲子 20 克，盐、姜片、蒜片、高汤各适量。

做法：

1. 将猪肚用面粉揉搓，放入清水中将两面洗净，然后放入开水锅中加姜片焯烫后捞起，放入冷水中，用刀刮去浮油，切条备用。
2. 莲子洗净，去心，备用。
3. 将蒜片、猪肚放入油锅中略炒，倒入适量高汤，放入莲子，用中火烧沸后煮 15 分钟，最后加盐调味即可。

何首乌红枣大米粥

营养功效：何首乌粥有净血、安神的作用，能强壮身体，延缓衰老，是产后妈妈的保健补品。

原料：大米、何首乌各 30 克，红枣 3 颗。

做法：

1. 红枣洗净取出枣核，切成末，备用；大米洗净，用清水浸泡 30 分钟，备用。
2. 何首乌洗净，切碎，按何首乌与清水 1:10 的比例，将何首乌放入清水中浸泡 2 小时。
3. 浸泡后用小火煎煮 1 小时，去渣取汁，备用。
4. 再将大米、红枣末、何首乌汁一同放入锅内，小火煮成粥即可。

产后第 38 天

哺乳关键点

- 少吃橘子
- 喂完奶放松一下双臂
- 不要睡电热毯

非哺乳关键点

- 每天适当运动
- 吃些淡斑食物
- 不要直接吃冰箱里的熟食

杂粮粥

营养功效：此粥可助新妈妈排出体内积水，也有预防产后便秘的作用。

原料：绿豆、薏米、大米、糙米各 50 克，干百合 10 克，白糖适量。

做法：

1. 糙米、薏米、大米、绿豆、百合洗净，水中浸泡 2 小时备用。
2. 所有原料放入锅中，加入适量水煮开。
3. 转小火边搅拌边熬煮半小时至熟烂，粥浓时，加入白糖调味。

橘瓣银耳羹

营养功效：此羹具有滋养肺胃、生津润燥、化痰止咳的功效。产后新妈妈食用既有补益作用，还可开胃，促进食欲。

原料：干银耳 15 克，新鲜橘子 1 个，冰糖适量。

做法：

1. 将银耳用清水浸泡，涨发后去掉黄根与杂质，洗净备用。
2. 橘子去皮，掰好橘瓣，备用。
3. 将银耳放入锅中，加适量清水，大火烧沸后转小火，煮至银耳软烂。
4. 将橘瓣和冰糖放入锅中，再用小火煮 5 分钟即可。

鸡丝腐竹拌黄瓜

营养功效：腐竹具有良好的健脑作用；黄瓜中含有丰富的维生素 C，可起到延年益寿、抗衰老的作用。

原料：鸡胸肉 1 块，腐竹 50 克，黄瓜半根，葱段、姜片、蒜蓉酱各适量。

做法：

1 鸡胸肉洗净；腐竹用温水泡开，切段；黄瓜洗净切片。

2 在锅中放入适量清水，放进葱段和姜片；水沸后把鸡肉放入锅中，焯熟，冷却后用手撕成细丝。

3 将腐竹段、黄瓜片、鸡丝放入盘中。

4 在锅中将蒜蓉酱爆香，加水烧沸后浇在盘中即可。

豆芽木耳汤

营养功效：豆芽能减少体内乳酸堆积，消除疲劳；常吃木耳能养血驻颜，令人肌肤红润，容光焕发，还能提高免疫力，很适合产后妈妈恢复身体和护肤。

原料：黄豆芽 100 克，木耳 10 克，西红柿 1 个，高汤、盐各适量。

做法：

1 西红柿的外皮轻划十字刀，放入沸水中烫熟，取出泡冷水去皮，切块；木耳泡发后切条；黄豆芽洗净。

2 锅中放入黄豆芽翻炒，加入高汤，放入木耳、西红柿，用中火烧熟，加入盐调味即可。

核桃百合粥

营养功效：此粥既能强健身体，又能抗衰老。核桃有补血养气、润燥通便等功效，百合能够清心安神，帮助妈妈缓解疲劳。

原料：核桃仁、鲜百合各 20 克，黑芝麻 10 克，大米 50 克。

做法：

1 鲜百合洗净，掰成片；大米洗净，用清水浸泡 30 分钟，备用。

2 将大米、核桃仁、百合、黑芝麻一起放入锅中，加适量清水，用大火煮沸。

3 改用小火继续煮至大米熟透即可。

产后第 39 天

哺乳关键点

不要用香水

吃些清火食物

不乱服中药

非哺乳关键点

可敷面膜保养肌肤

少吃甜食

不做强度大的运动

虾肉奶汤羹

营养功效：这道汤羹对产后身体虚弱、乳汁分泌少的新妈妈来说，是很好的补品。

原料：鲜虾 250 克，胡萝卜半根，西蓝花 30 克，蟹棒、葱段、姜片、牛奶、盐各适量。

做法：

1 鲜虾取虾仁备用。

2 将胡萝卜、西蓝花洗净；胡萝卜切成菱形片；西蓝花切小块。

3 锅内放入葱段、姜片、胡萝卜片、西蓝花块、蟹棒，再加适量牛奶，然后加入盐调味，大火烧开，加入虾仁后煮 10 分钟。

枣莲三宝粥

营养功效：绿豆利湿除烦，莲子安神强心，红枣补血养血，三者同食，可以益气强身，适宜产后虚弱的新妈妈调理之用。

原料：绿豆 20 克，大米 80 克，红枣 5 颗，莲子、红糖各适量。

做法：

1 绿豆、大米淘洗干净；莲子、红枣洗净。

2 将绿豆和莲子放在带盖的容器内，加入适量开水闷泡 1 小时。

3 将闷泡好的绿豆、莲子放入锅中，加适量水烧开，再加入红枣和大米，用小火煮至豆烂粥稠，加适量红糖调味即可。

芝麻圆白菜

营养功效： 圆白菜富含维生素 A、维生素 C、维生素 E、叶酸等。烹制成此菜清淡爽口，是哺乳妈妈的饮食良品。

原料：圆白菜半颗，黑芝麻 1 把，盐适量。

做法：

1 将黑芝麻洗净，用小火炒出香味。

2 圆白菜洗净，切粗丝。

3 油锅烧至七成热，放入圆白菜，翻炒至熟透发软，加盐调味，撒上黑芝麻拌匀即可。

西葫芦饼

营养功效： 西葫芦富含碳水化合物、蛋白质，做成西葫芦饼食用符合新妈妈清淡、少盐的饮食原则。

原料：面粉 100 克，西葫芦 80 克，鸡蛋 2 个，盐适量。

做法：

1 鸡蛋打散，加盐调味；西葫芦洗净，擦丝。

2 将西葫芦丝放进蛋液里，加入面粉和适量水，搅拌均匀，如果面糊稀了就加适量面粉，如果稠了就加 1 个鸡蛋。

3 锅里放油，将面糊放进去，煎至两面金黄盛盘即可。

胡萝卜蘑菇汤

营养功效： 此汤含有很多能帮助消化的酶类，有促进胃肠蠕动、增进食欲的芥子油、膳食纤维等有益成分，可以促进产后妈妈消化，排毒。

原料：胡萝卜 100 克，蘑菇、西蓝花各 30 克，盐适量。

做法：

1 胡萝卜去皮切成小块；蘑菇洗净去根，切片；西蓝花掰成小块后洗净，备用。

2 将胡萝卜片、蘑菇片、西蓝花块一同放入锅中，加适量清水用大火煮沸，转小火将胡萝卜片煮熟。

3 出锅时加入盐调味即可。

产后第 40 天

顺产关键点

贫血时忌瘦身

进行"中断排尿"练习

警惕妇科炎症

剖宫产关键点

做好避孕工作

注意节食

要补气养血

玉米面发糕

营养功效：玉米中的维生素 B$_6$、烟酸等成分，具有刺激胃肠蠕动、促进排便的特性，可预防便秘。

原料：面粉、玉米面各 50 克，红枣、泡打粉、酵母粉、白糖、温水各适量。

做法：

1 将面粉、玉米面、白糖、泡打粉在盆中混合均匀；酵母粉融于温水后倒入面粉中，揉成均匀的面团。

2 将面团放入蛋糕模具中，放温暖处醒发 40 分钟左右至 2 倍大。

3 红枣洗净，加水煮 10 分钟；将煮好的红枣嵌入发好的面团表面，入蒸锅。

4 开大火，蒸 20 分钟，立即取出，取下模具，切成厚片即可。

冬笋冬菇扒油菜

营养功效：油菜翠绿，清淡可口，与香菇搭配，含大量维生素、膳食纤维、钙、磷、铁等矿物质，是新妈妈百吃不厌的一道素食极品。

原料：油菜 40 克，冬笋、香菇各 30 克，葱花、盐各适量。

做法：

1 将油菜去掉老叶，清洗干净切段；香菇泡发切半；冬笋切片，并放入开水中焯烫，除去笋中的草酸。

2 炒锅置火上，倒入适量油烧热，放入葱花、冬笋、香菇煸炒后，倒入少量清水，再放入油菜段、盐，用大火炒熟即可。

丝瓜虾仁糙米粥

营养功效：糙米富含碳水化合物，是新妈妈的肠道清道夫，丝瓜和虾仁则为新妈妈补充了丰富的营养，这款粥美味、消肿又滋补。

原料：丝瓜 50 克，虾仁 40 克，糙米 60 克，盐适量。

红小豆饭

营养功效：红小豆含有丰富的膳食纤维，具有很好的润肠通便、降压降脂、补血消肿的作用。此外，还具有催乳的功效。

原料：红小豆 30 克，大米 40 克。

香菇油菜

营养功效：此菜含有蛋白质、维生素和钙、磷、铁等矿物质以及丰富的膳食纤维。

原料：香菇 5 朵，油菜 100 克，盐、白糖、葱花、姜末、香油、高汤、水淀粉各适量。

做法：

1 将糙米清洗后加水浸泡约 1 小时；将糙米、虾仁洗净一同放入锅中。

2 加入 2 碗水，用中火煮 15 分钟成粥状。

3 丝瓜洗净，放入已煮好的粥内，煮六七分钟，加少许盐调味即可。

做法：

1 红小豆洗净，浸泡一夜，再将浸泡的水去掉，用清水冲几遍。

2 锅中放入适量水，再放入红小豆，煮至八成熟。

3 把煮好的红小豆和汤一起倒入淘洗干净的大米中，蒸熟即可。

做法：

1 油菜洗净，从中间对半切开，再下沸水锅中焯透。

2 香菇泡发后，去杂质，一切两半，备用。

3 在锅中将葱花、姜末爆香，加入白糖、香菇、油菜煸炒，再加入少许高汤和盐，用水淀粉勾芡，淋上香油即可。

41 产后第 41 天

顺产关键点

- 要多吃蔬菜
- 坐姿、站姿要正确
- 睡前不要吃东西

剖宫产关键点

- 不要耸肩驼背
- 按时排便
- 不宜爬太高的楼梯

蔬菜豆皮卷

营养功效：此菜含有丰富的维生素 B_1、维生素 B_2、维生素 C、β-胡萝卜素及多种矿物质，有助于产后新妈妈开胃祛火。

原料：豆皮 1 张，绿豆芽 30 克，胡萝卜 20 克，紫甘蓝 40 克，豆干 50 克，盐、香油各适量。

做法：

1 将紫甘蓝、胡萝卜洗净，切丝备用；绿豆芽洗净；豆干洗净，切丝。

2 将所有准备好的食材用开水焯熟，然后加少许盐和香油拌匀。

3 将拌好的原料均匀地放在豆皮上，卷起，用小火煎至表皮金黄。

4 待放凉后切成小卷，摆入盘中即可食用。

白斩鸡

营养功效：此道菜品保留了鸡肉的原汁原味，蘸食的方法会带给新妈妈不一样的口感，既补充了营养，又享受了美味。

原料：三黄鸡 1 只，葱末、姜末、蒜末、香油、醋、盐、白糖各适量。

做法：

1 鸡处理洗净，把鸡的嘴巴从翅膀下穿过去，放入热水锅中，用小火焖 30 分钟，利用水的热度把鸡浸透、泡熟。

2 葱末、蒜末、姜末同放到小碗里，再加白糖、盐、醋、香油，用浸过鸡的高汤将其调匀。

3 接着把鸡拿出来剁小块，放入盘中，把调好的汁浇到鸡肉上即可，也可边蘸边食。

春笋蒸蛋

营养功效：鸡蛋含有优质蛋白质，春笋含有丰富的矿物质和膳食纤维，此蛋羹营养丰富，适宜春天坐月子的新妈妈食用。

原料：鸡蛋 1 个，春笋尖 20 克，葱末、盐、香油各适量。

做法：

1. 将鸡蛋充分打匀；春笋尖切成细末儿备用。
2. 将笋末儿和葱末儿加到蛋液中，再加温水到八分满。
3. 根据个人口味加适量盐和香油。
4. 调匀后蒸熟即可。

翡翠豆腐羹

营养功效：鲜嫩可口的豆腐是春季药食兼备的佳品，具有益气、补虚、护肝、提高免疫力等功效。

原料：瘦肉丁 40 克，小白菜、豆腐各 50 克，鸡汤、葱末、盐、水淀粉各适量。

做法：

1. 小白菜洗净，剁碎；豆腐切小丁，用开水焯一下捞出。
2. 锅中倒油烧热，下葱末煸炒，放入瘦肉丁略炒。
3. 倒入剁碎的小白菜，再放入豆腐丁和适量鸡汤烧开。
4. 加盐调味，用水淀粉勾芡，待汤汁黏稠时即可。

桂花紫山药

营养功效：山药有健脾润肺、补中益气、止渴止泻等功效，可治疗体弱神疲、食欲缺乏、消化不良等症，与紫甘蓝同食，更适合秋季补益之用。

原料：山药 50 克，紫甘蓝 40 克，糖桂花适量。

做法：

1. 将山药洗净，上蒸锅蒸熟，晾凉后去皮，再斜着切成条。
2. 紫甘蓝洗净，切碎，加适量水用榨汁机榨成汁。
3. 将山药在紫甘蓝汁里浸泡 1 小时至均匀上色。
4. 最后摆盘，浇上糖桂花即可。

产后第 42 天

顺产关键点

重视产后检查

伤口愈合好再同房

晚餐不宜过饱

非哺乳关键点

做些简单家务

恶露或月经干净后再做 B 超

身体未恢复禁止性生活

南瓜绿豆糯米粥

营养功效：此道粥含有丰富的维生素和矿物质，南瓜有清热祛湿、调理胃肠的功效，还有减肥瘦身的作用。而且这款粥美味香甜，适合新妈妈食用。

原料：南瓜、绿豆各 80 克，糯米 100 克，冰糖适量。

做法：

1 糯米洗干净，用水浸泡 10 分钟。

2 南瓜去皮去瓤，洗净切成块。

3 锅内加入适量清水，放入糯米、绿豆和南瓜块煮约 30 分钟后放入冰糖调味，小火焖煮 10 分钟即可。

麻酱菠菜

营养功效：麻酱的含钙量很高，几乎可以与豆制品相媲美，麻酱和菠菜搭配，可以帮助新妈妈坚固牙齿和骨骼。

原料：菠菜 300 克，蒜末 10 克，香油、麻酱、盐各适量。

做法：

1 将菠菜洗净，放入开水锅中略煮一下，捞出，备用。

2 麻酱中放入适量盐，倒入温开水，搅拌均匀。

3 将炒锅中放入香油，油热后放入菠菜，翻炒片刻，出锅，浇上麻酱，撒上蒜末即可。

西红柿烧豆腐

营养功效：豆腐富含蛋白质、钙质和异黄酮素，有助于降低胆固醇、强化骨质。西红柿热量低，含丰富的番茄红素，可预防衰老。

原料：西红柿 2 个，豆腐 100 克，葱花、盐各适量。

做法：

1 将西红柿洗净，切片；豆腐切成正方块。

2 将葱花放入油锅中爆香，再放入西红柿翻炒至出汁，加入豆腐翻炒几下，放盐调味即可。

冬瓜干贝汤

营养功效：冬瓜含有多种维生素和人体必需的微量元素，可调节人体的代谢平衡。冬瓜中的有效物质可促使体内淀粉、糖转化为热量，而不变成脂肪。

原料：鸡腿 1 个，冬瓜 100 克，干贝 10 克、姜末、盐各适量。

做法：

1 鸡腿剁块，洗净；冬瓜去皮、去子，洗净，切块状；干贝洗净，泡软，备用。

2 锅内加适量水煮沸后，放入鸡块，捞去浮沫，放入冬瓜、姜末煮至鸡肉熟透。

3 将干贝放入锅中，煮片刻，加盐调味即可。

虾仁蛋炒饭

营养功效：虾仁蛋白质含量很高，胡萝卜含有大量的 β-胡萝卜素，可转化成维生素 A，利于保护新妈妈眼睛。

原料：米饭 1 碗，香菇 3 朵，虾仁 20 克，胡萝卜半根，鸡蛋 1 个，盐、葱花、蒜末各适量。

做法：

1 香菇去蒂，洗净切丁；胡萝卜洗净切丁；鸡蛋打入碗中备用。

2 锅中倒油烧热，放入鸡蛋液迅速炒散成蛋花，盛出备用。

3 锅中倒油，下蒜末炒香，倒入虾仁翻炒至七成熟，倒入香菇丁、胡萝卜丁、米饭，拌炒均匀；再加入盐，撒上葱花，翻炒几下入味。

Part8

不外传的下奶方

母乳是宝宝最好的食物，其优越性是任何食物都无法替代的。可是有些新妈妈产后乳汁很少甚至没有，这就需要适当食用一些下奶的汤粥或菜品来进行食疗。在这期间，新妈妈一定要坚定信心，也许下一刻就有源源不断的乳汁喷涌而出。

哺乳期饮食调养方案

哺乳妈妈在哺喂宝宝时，一要保证乳汁的"量"，二要保证乳汁的"质"。要想保证乳汁质量，需特别注意平时的饮食。妈妈吃好了，大量营养才能转化为源源不断的乳汁，才能给迅速成长的宝宝提供能量。

荤素搭配

荤素搭配，能使乳汁保持全面、均衡的营养。荤菜中含有蛋白质、氨基酸以及脂肪，素菜中含有丰富的维生素、膳食纤维和微量元素，荤素搭配不但能很好地补充哺乳妈妈所需的能量，还能使乳汁中的营养更丰富，利于宝宝吸收。

荤素搭配可以广泛摄取各类食物的营养，既能促进食欲，又可预防疾病的发生，对妈妈宝宝都有益。

少吃多餐

哺乳妈妈很容易饿，这是因为妈妈摄入的营养还要通过乳汁提供给宝宝，所以自身需要的营养就会减少。解决这个问题有一个方法，就是少吃多餐。少吃多餐不但利于哺乳妈妈胃肠健康，还利于瘦身，并能时刻保持乳汁的营养和数量。

吃公鸡助泌乳

分娩后体内的雌激素、孕激素水平降低，有利于乳汁形成。但母鸡的卵巢和蛋衣中却含有一定量的雌激素，会影响乳汁分泌。而公鸡的睾丸中含有雄激素，可以对抗雌激素，炖成汤无疑会促使乳汁分泌。而且，公鸡的脂肪较少，新妈妈吃了不容易发胖，也不容易引起宝宝腹泻。

哺乳妈妈不要经常饥肠辘辘地哺喂宝宝，这样会对身体产生伤害，也不利于形成源源不断的乳汁。

饿了就吃

哺乳期的妈妈不要忌讳自己容易饿，吃得多，怕长此以往吃成个大胖子。哺乳期只要饿了就应该吃些东西，这样不仅利于自己的健康，预防低血压、低血糖的发生，还利于胃肠的保健。哺乳期妈妈长期饿肚子，会导致乳汁越来越少，饿着肚子喂宝宝，也容易出现不适症状，所以为了母子健康，应该饿了就吃，保证能量充足。

哺乳妈妈每日餐次应较一般人多，少吃多餐更利于哺乳妈妈对食物的吸收。

金牌月嫂掏心话

有些新妈妈和家人担心不能母乳喂养宝宝，所以产后第1天就急着让新妈妈喝催乳汤，这是不对的。产后乳汁分泌需要一个过程，前几天分泌量较少，可以让宝宝多吸吮乳房，也可以采取催乳按摩，渐渐地乳汁就会多起来。一般来说，喝催乳汤的时间应为产后5~7天，过早或过迟都不利于新妈妈的身体恢复。

必吃下奶食材

哺乳妈妈吃得对，就没有缺乳、乳少的忧虑和担心，所以哺乳期间吃什么是有一定讲究的，有些食材是天然的"下奶药"，这些食物经过烹煮，不仅美味，还可以使你的乳房充盈，乳汁充足。

猪蹄

猪蹄营养丰富，富含胶原蛋白，脂肪含量也比肥肉低，猪蹄汤还具有催乳作用，是产后妈妈催乳、美容的佳品。

新妈妈 3 天吃 1 次猪蹄就可以了，否则易水肿。

妈妈补宝宝长

　　猪蹄有补血通乳的作用，是传统的产后催乳佳品。此外，还可猪蹄中含有丰富的大分子胶原蛋白质，新妈妈常吃猪蹄，可以获得大分子胶原蛋白质，它以水溶液的形式储存于人体组织细胞中，能改善细胞的营养状

况和新陈代谢，缓解皮肤干瘪起皱，使皮肤细润饱满、平整光滑，有助于新妈妈产后皮肤的恢复，并有抗衰老作用。

通草炖猪蹄

适用于产后 2 周后食用，通乳又滋补。

原料：猪蹄 100 克，红枣 5 颗，通草 5 克，花生仁 20 克，姜片、葱段、盐、料酒各适量。

做法：

1 猪蹄洗净切成块；红枣、花生仁用水泡透；通草洗净切段。

2 锅内加适量水烧开，放猪蹄，焯去血沫，捞出。

3 油锅烧热，放入姜片、猪蹄，淋入料酒，爆炒片刻，加入清水、通草段、红枣、花生仁、葱段，用中火煮至汤色变白，加盐调味。

营养功效：通草有通乳的功效，红枣具有养颜补血的功效。

虾

虾营养丰富，肉质松软易消化，对身体虚弱或病后、产后需要调养的人是极好的食物。此外，虾的通乳作用很强，并且富含磷、钙，对宝宝和新妈妈有很好的补益作用。

剖宫产的妈妈最好伤口恢复以后再吃虾，以防过敏。

妈妈补宝宝长

虾的营养价值极高，能增强人体的免疫力，虾的蛋白质含量高，且脂肪含量低，有很强的通乳功效，适合新妈妈食用。虾中含有的镁，能够对心脏活动起到很好的调节作用，保护心血管系统。此外，小虾米和虾皮中同样富含钙、磷、铁，每天吃 50 克虾皮，可以满足人体对钙质的需求。新妈妈在产后多吃虾皮，可以预防产后因缺钙导致的骨质疏松症。

鲜虾丝瓜汤

适合产后 1 周后食用，产后第 1 周内也可适当喝些。

原料： 鲜虾 100 克，丝瓜 200 克，姜丝、葱末、盐各适量。

做法：

1. 将鲜虾去须及足，洗净，加入少许盐拌匀，腌制 10 分钟；丝瓜削皮，洗净，切成斜片。

2. 锅置火上，倒入油烧热，下姜丝、葱末爆香，再倒入鲜虾翻炒几下，加适量清水煮汤，待沸后，放入丝瓜片，加盐，煮至虾、丝瓜片熟透即可。

营养功效：鲜虾能增强人体的免疫力，除了具有很强的通乳作用之外，还对新妈妈身体疲倦、腰膝酸痛等病症有很好的疗效。

鲫鱼

鲫鱼肉质细嫩，肉味甜美，含有丰富的蛋白质、脂肪、维生素 A、B 族维生素、钙等营养物质，有很好的通乳作用。

做鲫鱼汤时放点姜，通气又去腥。

妈妈补宝宝长

　　鲫鱼所含的蛋白质质量优，氨基酸种类较全面，易于消化吸收，新妈妈常吃鲫鱼可以增强抗病能力。鲫鱼含有丰富的矿物质，尤其钙、磷、钾、镁含量较高，鲫鱼的头部含有丰富的卵磷脂。鲫鱼有开胃健脾、调养生津的作用，还可通过补充生成乳汁所需要的营养蛋白来起到催乳的作用。此外，脾胃健康有助于乳汁的分泌。

　　鲫鱼中含有的丰富蛋白质极易被人体吸收，当宝宝吮吸乳汁时，会将营养成分输送到宝宝的身体里，对促进宝宝的智力发育有明显效果。而鲫鱼中的钙、铁等营养素，对预防产后贫血有一定作用。

黄花菜鲫鱼汤

原料： 鲫鱼 1 条，干黄花菜 15 克，盐、姜片各适量。

做法：

1　鲫鱼洗净，去掉鱼肚子里面的黑膜，用姜片和盐稍微腌制片刻。

2　干黄花菜用温水泡开，用凉水冲洗；把鲫鱼用水冲洗一下，稍稍沥干。

3　将鲫鱼放入油锅中煎至两面发黄，倒入适量开水，放入姜片、黄花菜，用大火稍煮。

4　放入盐，再用小火炖至黄花菜熟透即可。

营养功效：此汤有养气益血、补虚通乳的作用，是帮助气虚体质的新妈妈分泌乳汁、清火解毒的佳品。

花生

花生营养价值很高，被人们称为"长寿果"，有催乳养血的功效，新妈妈经常食用还可以起到美容养颜的效果。

花生红衣可以促进血小板生成，所以要连红衣一起吃。

妈妈补宝宝长

花生能养血止血，催乳增乳。对于产后乳汁不足的新妈妈来说，花生可谓是不可多得的营养食物。花生中含有丰富的蛋白质、维生素C、维生素E和铁等营养成分，能够扶正补虚、美容养颜、健脾益胃，具有很好的补血功效，尤其花生红衣有补血、改善血小板质量的功能。

花生的吃法众多，以炖吃的营养最为丰富。炖吃一方面不会破坏花生中的营养素，又不温不火、入口酥软、容易被人体消化吸收，是新妈妈滋补身体的好选择。

花生鱼头汤

原料：鱼头1个，花生仁50克，红枣6颗，姜片、盐各适量。

做法：

1. 鱼头处理干净；红枣洗净，去除枣核备用；花生仁洗净备用。

2. 将锅烧热，倒入少量油，放入姜片爆香，再放入鱼头，煎至两面金黄。

3. 加入适量水，没过鱼头，用大火烧开。

4. 加入花生仁和红枣，烧开后转小火煲40分钟，加盐调味即可。

营养功效：鱼头富含不饱和脂肪酸，可提高新妈妈免疫力；花生是促进新妈妈乳汁分泌的重要食物，非常适合新妈妈食用，以增加乳汁分泌。

莴苣

莴苣中含有抗氧化物、β-胡萝卜素、维生素 B_1、维生素 B_2 以及维生素 B_6，还含有丰富的矿物质和膳食纤维，是新妈妈的生乳伴侣。

莴苣和瘦肉、排骨搭配起来吃，可以减少油腻。

妈妈补宝宝长

莴苣的含钾量十分丰富，有利于体内的水电解质平衡，促进新妈妈排尿和乳汁分泌。莴苣中的乳状浆液能够刺激胃液、胆汁以及消化腺的分泌，促进消化功能发挥作用，尤其对消化功能弱、便秘的新妈妈很有好处。莴苣中含有的铁元素极易被人体吸收，有助于改善新妈妈产后缺铁性贫血症状。

莴苣肉质细嫩，既可以凉拌或小炒，也可以用它来做汤或配料。对于乳汁分泌过少的新妈妈来说，可以经常食用莴苣烧猪蹄、瘦肉、排骨等，这样不仅可以减少肉类的油腻，吃起来清香可口，还可以起到催乳的作用。

莴苣猪肉粥

原料：莴苣、大米各 50 克，猪肉 100 克，酱油、盐、香油各适量。

做法：

1 莴苣去皮洗净，切细丝；大米淘洗干净；猪肉洗净，切成末，放入碗内，加适量酱油、盐，腌 10 分钟。

2 锅中放入大米，加适量清水，大火煮沸，加入莴苣丝、猪肉末，改小火煮至米烂时，加盐、香油搅匀即可。

营养功效：莴苣含有多种营养成分，尤其含钙、磷、铁较多，能帮助骨骼生长，坚固牙齿。莴苣有清热、利尿、活血、通乳的作用，尤其适合少乳的产妇食用。

木瓜

木瓜中含有的木瓜酵素和维生素 A 能够刺激女性激素分泌，助益乳腺发育，起到丰胸催乳的效果。因此，木瓜也被称为"催乳丰胸之王"。

木瓜清甜可口，是素食妈妈下奶的好帮手！

妈妈补宝宝长

木瓜具有美白、丰胸等美容功效，既可以生食，也可以熟食。木瓜还有排毒的功效。不仅如此，木瓜中含有的木瓜蛋白酶可以帮助消化蛋白质和糖类，促进身体对食物的消化吸收，并起到分解脂肪，促进新陈代谢的作用。新妈妈经常食用可以减少身体内的脂肪含量，防止身材过胖。

木瓜特有的木瓜酵素能够清心润肺，帮助消化，有效缓解胃部不适。因此，新妈妈适当吃些木瓜，可以调理胃肠功能，增强免疫力。木瓜中含有的维生素 C 和 β-胡萝卜素有很强的抗氧化能力，可以帮助机体修复组织，消除体内有毒物质，还可以减轻妊娠纹，使灰暗的皮肤焕发光泽，使肌肤变得细腻，白皙。

木瓜烧带鱼

原料：带鱼 1 条，木瓜 1/4 个，葱段、姜片、醋、盐、酱油各适量。

做法：

1 将带鱼去鳞、内脏，洗净，切长段；木瓜洗净，削去瓜皮，除去瓜核，切块。

2 砂锅置火上，加入适量清水及带鱼、木瓜块、葱段、姜片、醋、盐、酱油，一同炖至带鱼熟透即可。

营养功效：木瓜有助于哺乳期的妈妈分泌乳汁，带鱼含有多种营养成分，可以缓解新妈妈脾胃虚弱、消化不良等症状。

莲藕

莲藕含维生素 C 和膳食纤维比较丰富，新妈妈多吃莲藕，能及早清除腹内积存的瘀血，增进食欲，促使乳汁分泌。

新妈妈胃口不好时，不妨多吃些凉拌藕。

妈妈补宝宝长

莲藕含有大量的淀粉、维生素和矿物质，熟莲藕能健脾开胃，有消食、止泻的功效，是帮助妈妈祛瘀生新的佳蔬良药。生莲藕性凉，能健脾开胃、生津止渴，益血生胶等，对产后恶露不净、伤口不愈合有较好的疗效。藕的含糖量不高，又含有大量的维生素 C 和膳食纤维，所以不用担心吃完后会发胖。

莲藕中含有丰富的维生素和矿物质，营养丰富，能够健脾益胃、清热生乳。妈妈多吃莲藕，能及早清除腹内积存的瘀血，增进食欲，帮助消化，促使乳汁分泌，有助于对新生儿的喂养。在根茎类食物中，莲藕含铁量较高，对产后缺铁性贫血的新妈妈大有帮助。

莲藕瘦肉麦片粥

原料： 大米 50 克，莲藕 30 克，猪瘦肉 20 克，玉米粒、枸杞子、麦片、葱末、盐各适量。

做法：

1 大米淘洗干净，浸泡 30 分钟；莲藕洗净，切薄片；猪瘦肉切片；枸杞子洗净。

2 大米下锅，加适量水熬煮成粥。

3 将藕片、玉米粒焯熟捞出，再放入肉片同样焯熟捞出，把焯过水的藕片、玉米粒、肉片，连同枸杞子、麦片一起放入粥中，继续煮五六分钟。

4 最后加盐调味，撒上葱末即可。

营养功效： 莲藕富含 B 族维生素，能消除疲劳，还可下乳，对安抚新妈妈焦虑、委屈的情绪也有积极的疗效。

黄花菜

黄花菜含有丰富的蛋白质、维生素、钙、脂肪以及人体所必需的氨基酸，是病后或产后的重要调补品。

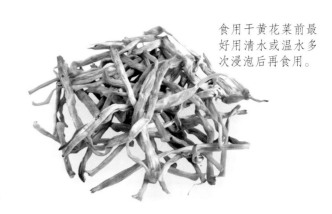

食用干黄花菜前最好用清水或温水多次浸泡后再食用。

妈妈补宝宝长

黄花菜味鲜质嫩，营养丰富，是一种营养价值高，具有多种保健功能的蔬菜，有止血、消炎功效，对新妈妈产后乳汁分泌不畅也有很好的疗效。此外，由于黄花菜中含有丰富的膳食纤维，膳食纤维能够促进胃肠蠕动，可以帮助新妈妈缓解产后便秘。

黄花菜富含卵磷脂，有很好的健脑功效，妈妈常吃黄花菜，不仅能够改善记忆力，还能促进宝宝的智力发育。此外，常吃黄花菜能够有效滋润皮肤，增强皮肤的韧性和弹力，帮助新妈妈减少色斑，使肌肤变得细嫩饱满、润滑柔软。

黄花菜熘猪腰

原料：猪腰 400 克，干黄花菜 100 克，葱段、姜丝、蒜片、水淀粉、盐、白糖各适量。

做法：

1 将猪腰剔去筋膜和臊腺，洗净，切成小块，刴花刀；干黄花菜用水泡发，撕成小条备用。

2 锅内加入植物油烧热，放入葱段、姜丝、蒜片爆香，再倒入猪腰，煸炒至变色。

3 加入黄花菜、白糖、盐，煸炒片刻，用水淀粉勾芡即可。

营养功效：干黄花菜有利水通乳、清热利尿等功效，而猪腰中含有丰富的蛋白质、维生素和矿物质，二者搭配食用，能够帮助新妈妈在补充营养的同时提高母乳质量。

鸡蛋

鸡蛋中的蛋白质与人体组织蛋白最为接近，极易被人体吸收，营养价值很高。对于新妈妈来说，鸡蛋中的优质蛋白能够提高母乳质量，是新妈妈的必备营养食物。

白水煮蛋更有营养，营养吸收率更高。

妈妈补宝宝长

提高母乳质量，改善贫血：鸡蛋中含有的优质蛋白能够很好地帮助新妈妈提高母乳质量。另外，新妈妈产后易贫血，而鸡蛋中的铁质对于改善新妈妈贫血状况有很好的疗效。

促进宝宝大脑发育，提高机体免疫力：蛋黄中含有的胆碱被称为"记忆素"，不仅能使新妈妈的记忆力得到加强，当新妈妈通过乳汁将营养传送给宝宝时，还会促进宝宝的大脑发育。鸡蛋中的蛋白质对肝脏组织损伤有很好的修复作用。蛋黄中的卵磷脂可以促进肝细胞再生，还可提高人体血浆蛋白量，增强机体的代谢功能和免疫功能。

美味蛋羹

原料：鸡蛋 2 个，西红柿 1 个，葱花、盐、水淀粉各适量。

做法：

1 将西红柿切成小丁。

2 将鸡蛋打入小圆碟中，把葱花、西红柿丁摆在鸡蛋液上，入锅蒸熟。

3 锅置火上，放少许油，加入适量清水、盐烧开，用水淀粉勾芡，最后将芡汁淋在鸡蛋羹上即可。

营养功效：鸡蛋中的优质蛋白在体内的消化吸收率很高，能提高母乳质量，并能为新妈妈提供全面均衡的营养。

豌豆

豌豆中含有丰富的碳水化合物、蛋白质、叶酸、B族维生素、维生素C以及多种矿物质，具有生津液、通乳的功效。不仅如此，豌豆的营养价值丰富，含有的赖氨酸是其他食物中少有的。

妈妈补宝宝长

增加奶量，提高抗病能力：豌豆具有通乳的保健功效，无论是将豌豆煮熟还是将豌豆苗捣烂榨汁饮用，都能够增加奶量，是新妈妈下奶的必备食物。另外，豌豆中富含人体所需的多种营养物质，尤其是含有优质蛋白质，能够提高机体的抗病能力和恢复能力。

清肠通大便，润泽肌肤：豌豆中含有的膳食纤维可

豌豆是新妈妈必备的下奶食物。

以促进肠道蠕动，帮助新妈妈保证大便通畅，缓解产后便秘烦恼。豌豆还有清肠的功效。不仅如此，豌豆中含有的维生素A原能够在体内转化为维生素A，起到润泽肌肤的作用。

豌豆炖鱼头

原料：豌豆50克，香菇3朵，鳙鱼头200克，料酒、盐、姜汁、葱段各适量。

做法：

1 鳙鱼头洗净；豌豆、香菇分别泡发，洗净。

2 油锅烧热，放入葱段、鳙鱼头翻炒，加入料酒、清水、姜汁、盐，待锅开后倒入豌豆、香菇，小火炖至豌豆变软，即可出锅。

营养功效：营养丰富，可补充优质蛋白，有助于乳汁分泌，适合哺乳妈妈食用。

Part9

回乳其实很简单

宝宝出生后，由于催乳素的作用，新妈妈会分泌乳汁。但有些新妈妈由于种种原因，不能哺乳时，就要进行回乳了。采用适当的方法回乳，可以避免乳胀、乳腺增生，还可以使回乳更迅速。

回乳期饮食调养方案

有些新妈妈因为身体或其他原因，在月子里就不得已早早断奶了，这对母子都会造成不利的影响，此时新妈妈要采取渐进的方式回乳，最好用食疗的方法回乳。

宜远离下奶食物

新妈妈回乳时，应忌食那些促进乳汁分泌的食物，如花生、猪蹄、鲫鱼等，少吃蛋白质含量丰富的食物，这样可以减少乳汁的分泌。回乳期还要注意饮食中减少水分的摄入。

在饮食上荤素搭配，这样，既能促进食欲，又可防止疾病的发生，对妈妈宝宝都有益。

回乳食物要多样化

非哺乳妈妈的回乳食谱应多样化。为了帮助非哺乳妈妈进行回乳，这期间需要多吃一些麦芽粥之类的食物。麦芽粥里可以多增加些营养丰富的食材，比如杏仁、核桃、松子等，让回乳食谱也多样化。

如果乳房胀得难受，可以挤出乳汁，但是不要完全挤出，否则会刺激乳汁分泌，适得其反。

选择炒麦芽回乳

麦芽分生麦芽、炒麦芽、焦麦芽，不同的麦芽有不同的功效，新妈妈一定要分清。生麦芽健脾和胃，通乳，用于乳汁淤积。炒麦芽行气、消食、回乳，适用于食积不消和新妈妈断乳。焦麦芽消食化滞，用于食积不消。因此，新妈妈在回乳时，应选择炒麦芽，而非生麦芽和焦麦芽。

宜边回乳边进补

非哺乳妈妈忙于回乳的同时，也要适当进补，毕竟经过那么漫长的产程，身体的恢复也不是一蹴而就的事情。选择低脂、低热量，但是滋补功能强的食物作为有益的补充，是很有必要的。要避免回乳过急，回乳过急也可导致乳汁淤积引发乳腺炎。可适当热敷乳房或挤出少量奶液以缓解胀痛。

逐渐减少喂奶次数，缩短喂奶时间，使乳汁分泌逐渐减少。

金牌月嫂掏心话

能不能母乳喂养，取决于妈妈和宝宝，妈妈患有严重疾病时，如艾滋病、白血病等，就千万不能进行母乳喂养；如果宝宝患有先天性半乳糖症缺陷，也不宜进行母乳喂养。所以在母乳喂养这个问题上，不要盲从，应听从医生的建议。

超管用的回乳食材

由于一些特殊的原因，新妈妈不能一直进行母乳喂养，其实非哺乳妈妈完全没有必要为此而感到内疚，小宝宝通过科学的人工喂养也可以长得健康可爱，所以非哺乳妈妈眼下需要了解的是怎么科学地进行回乳。把回乳的过程适当控制在 1 个月左右比较科学。在回乳期间，非哺乳妈妈可以多食用一些有回乳作用的食物，比如麦芽、韭菜、花椒等。

麦芽 麦芽在中医上具有行气消食、健脾开胃、退乳消胀的功效，是新妈妈回乳时大多会选到的食材。但是麦芽分生麦芽、炒麦芽、焦麦芽，只有炒麦芽才有回乳功效，新妈妈一定要分清。

新妈妈在回乳时，应选择炒麦芽。

山楂麦芽饮

原料：麦芽 10 克，山楂 3 克，红糖适量。

做法：

1 将山楂切片；山楂片与麦芽分别炒焦（也可在中药店直接购买炒麦芽与干山楂片）。

2 将炒好的山楂片与炒麦芽放入锅中，加适量水，中火烧开后，转小火继续煮 15 分钟。

3 将煮好的水放至稍凉后，调入红糖即可。

营养功效：此饮料有回乳的作用，可缓解回乳时乳房胀痛、乳汁淤积等症状，是新妈妈断奶期间最好的饮品。

老母鸡

老母鸡营养丰富，且容易被人体吸收，是常见的补虚佳品。老母鸡中含有一定量的雌激素，新妈妈食后血液中的雌激素浓度会增加，而新妈妈分娩后血液中雌激素和孕激素的浓度大大降低，此时催乳素才会发挥促进泌乳的作用，促使乳汁分泌，如果雌激素的浓度增加，则催乳素的效能就会减弱，达到回乳的作用。

麦芽鸡汤

原料：老母鸡肉 300 克，炒麦芽 60 克，高汤、盐、胡椒粉、葱段、姜片各适量。

做法：

1 先将老母鸡肉洗净，切成 3 厘米见方的块，备用。

2 油锅烧热，放入葱段、姜片、鸡块煸炒几下，加入高汤、炒麦芽，小火炖一两个小时，加胡椒粉、盐调味即可。

营养功效：老母鸡与炒麦芽搭配不但有回乳作用，还是补虚佳品，适合需要回乳的新妈妈食用。

花椒

花椒属于热性香料，气味芳香，可除各种肉类的腥膻臭气，能促进唾液分泌，增加食欲。花椒还是常见的回乳食物，能帮助产后新妈妈回乳，减轻乳房胀痛。

花椒容易引起便秘，回乳时要适量食用。

花椒红糖饮

原料：花椒 12 克，红糖适量。

做法：

1 将花椒清洗干净，沥干水分；锅中加适量水，放入花椒，待水烧开后，转小火继续加热 20 分钟。

2 在花椒水中调入适量红糖，搅拌均匀即可饮用。

营养功效：此饮料可帮新妈妈回乳，不喜欢花椒味道的新妈妈，可多加些红糖。花椒属热性，夏天食用，容易引起便秘，回乳时每天饮用花椒红糖饮 1 次即可。

韭菜

韭菜有种辛辣的味道，可以刺激食欲，而且韭菜富含蛋白质、糖类、β-胡萝卜素等营养物质，可以为新妈妈补充营养。此外，韭菜具有杀菌消炎的功效，对健康很有好处。但是韭菜性温热，具有明显的回乳作用，处在哺乳期的新妈妈不宜吃韭菜。非哺乳的新妈妈可以吃些韭菜回乳。

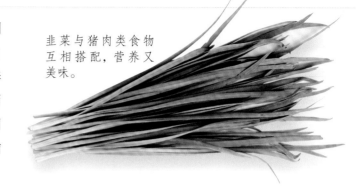

韭菜与猪肉类食物互相搭配，营养又美味。

韭菜炒虾肉

原料：韭菜 200 克，虾仁 50 克，料酒、高汤、葱丝、姜丝、蒜末、香油、盐各适量。

做法：

1 虾仁洗净，除去虾肠，沥干水分；韭菜洗净，切成 3 厘米左右的小段。

2 油锅烧热，放入葱丝、姜丝、蒜末炒香，然后放入虾仁煸炒，放入料酒、高汤、盐稍炒，然后放入韭菜段。

3 大火翻炒片刻，淋入香油即可。

营养功效：韭菜中含有大量的维生素和膳食纤维，能促进胃肠蠕动，刺激食欲，让非哺乳妈妈拥有好胃口。

韭菜馅饼

原料：韭菜 400 克，面粉 500 克，肉馅 100 克，鸡蛋 3 个、海米、宽粉、姜末、料酒、盐各适量。

做法：

1 油锅烧热，放入打散的鸡蛋，炒成碎末状。

2 宽粉加适量水煮烂，备用；韭菜洗净，切碎。

3 将所有原料放在盆中，搅拌均匀成馅料。

4 温水和面，擀成比包子皮稍大一些的薄皮。

5 包好馅料，放入油锅中，小火煎至两面金黄即可。

营养功效：韭菜能让体虚的非哺乳妈妈身体暖暖的。韭菜有回乳的作用，非哺乳妈妈可吃一些。

人参

人参是进补佳品，能抗病、抗疲劳，有益智强身的功效，并能改善机体神经系统功能，缓解紧张。新妈妈想要回乳时，也可以吃些人参，有抑制乳汁分泌的作用。但产后切忌太早吃人参，否则不但起不到滋补和回乳的作用，反而会造成恶露难以排出，导致血块淤积在子宫，引起腹痛。建议新妈妈产后2周后再食用人参回乳。

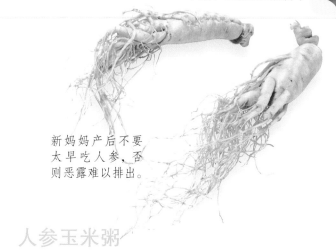

新妈妈产后不要太早吃人参，否则恶露难以排出。

红枣人参汤

原料：红枣3颗，人参10克。

做法：

1 将人参和红枣分别洗净。

2 炖盅内加适量水，放入红枣和人参。

3 大火将水烧沸后，改用小火炖煮1小时。将汤凉至温热时喝。

营养功效：此汤可补气养血，想要回乳的新妈妈每天饮用1小杯，可使乳汁慢慢减少，顺利完成回乳。

人参玉米粥

原料：人参末10克，玉米糁80克。

做法：

1 玉米糁洗净，浸泡2小时。

2 锅置火上，放入玉米糁和适量水，大火烧沸后改小火，熬煮成粥。

3 待粥煮熟时，放入人参末，搅拌均匀，略煮片刻即可。

营养功效：此粥不但能回乳，还具有健胃除湿、和胃安眠的功效，很适合回乳新妈妈食用。

Part10

这样吃不落月子病

宝宝出生后，新妈妈的喜悦之情溢于言表，但不安也随之而来。由于分娩消耗了大量元气，身体会频频出现状况：出血、便秘、恶露不净、腹痛、痛风……就让这种种不适，消失在这一道道营养、健康、美味的佳肴里吧。

产后出血

分娩后 24 小时内出血量超过 500 毫升称为产后出血，常见原因是宫缩乏力、软产道损伤、胎盘因素及凝血功能障碍。发生产后出血，新妈妈千万不能粗心大意，不能单纯地认为出血是产后正常现象，要及时治疗，避免带来更大的危害。此外，新妈妈还应保证充足的睡眠，加强营养，坚持高热量饮食，多食富含铁的食物，如牛肉、鱼、菠菜、西红柿、哈密瓜、草莓、芝麻、松子、海带、虾皮、鸡蛋等。新妈妈情况稳定后，家人应鼓励新妈妈下床活动，活动量应逐渐增加。

推荐食疗方

人参粥

大米 50 克，人参末 10 克，姜汁 10 毫升。大米先煮粥，再加入人参末、姜汁搅拌均匀。早晚餐服食。

生地益母汤

取黄酒 200 毫升，生地黄 6 克，益母草 10 克。将这些中药一起放入碗中，隔水蒸 20 分钟后服药汤。每次温服 50 毫升，连服数天。

百合当归猪肉

取百合 30 克，当归 9 克，猪瘦肉 60 克，盐适量。猪瘦肉切片，当归、百合洗净，一起放入锅中加水煮熟，加适量盐调味即可。

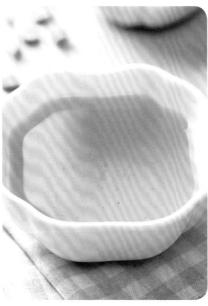

产后失眠

产后失眠一般是因为母体在怀孕期间会分泌出许多保护胎宝宝成长的激素，但在产后 72 小时之内这种激素逐渐消失，改为分泌供应母乳的激素而造成的。在产后由于种种不安，如头疼、轻微忧郁、半夜给宝宝喂奶等导致的失眠，将会给新妈妈带来很大的痛苦。产后失眠时应多吃一些有助于安眠的食物，如香蕉、苹果、小米粥等，保持心情愉悦，睡前喝 1 杯牛奶也有助于安眠。

推荐食疗方

山药羊肉羹

羊瘦肉 200 克，山药 150 克，鲜牛奶、盐、姜片各适量。将羊瘦肉洗净，切小块；山药去皮，洗净，切小块。将羊瘦肉、山药、小块姜放入锅内，加入适量清水，小火炖煮至肉烂，出锅前加入鲜牛奶、盐，稍煮即可。

桂花板栗小米粥

小米 60 克，板栗 50 克，桂花糖适量。将板栗洗净，加水煮熟，去壳压成泥；小米淘洗干净，浸泡 3 小时。将小米放入锅中，加适量水，小火煮熟成粥，加入板栗泥，撒上桂花糖即可。

银耳桂圆莲子汤

干银耳 10 克，桂圆、莲子各 50 克，冰糖适量。银耳用水浸泡 2 小时，撕成小朵。桂圆去壳；莲子去心洗净，备用。将银耳、桂圆肉、莲子一同放入锅内，大火煮沸后，转小火继续煮，煮至银耳、莲子完全柔软，汤汁变浓稠出锅，加入冰糖即可。

产后便秘

新妈妈产后饮食如常，但大便数日不行或排便时干燥疼痛，难以解出者，称为产后便秘，或称产后大便难，这是最常见的产后病症之一。分娩后胃口不好、伤口疼痛、活动减少、饮食缺乏膳食纤维，是产后便秘形成的重要因素。大便干结疼痛，难以排出，又会形成恶性循环，影响新妈妈的身心健康。为预防产后便秘，新妈妈可多吃一些富含膳食纤维的食物，如蔬菜、水果等。如果新妈妈身体还比较虚弱，吃水果时最好用炖、煲汤或者蒸的方式预先加热一下，避免过于寒凉。

推荐食疗方

油菜汁

取新鲜油菜洗净，捣烂取汁，每次饮服 1 小杯，每日服用两三次，可辅助治疗产后便秘。

茼蒿汁

取新鲜茼蒿 250 克，榨汁或做汤喝，每日 1 次，连续 7~10 天为 1 个疗程，可辅助治疗产后便秘。

蜂蜜芝麻糊

蜂蜜 1 匙，黑芝麻 50 克。将黑芝麻放入搅拌机中，加适量水搅拌成黑芝麻糊，盛出后，加入蜂蜜搅拌均匀，每天食用 2 次。

产后乳房胀痛

很多新妈妈都会经历胀奶的痛苦：双乳胀满，出现硬结，感觉有些疼，甚至胀痛感会延至腋窝部位。这是因为乳腺由脂肪、乳腺腺泡和导管组成，怀孕时在雌激素的作用下，乳腺开始增生，胎盘泌乳素水平也不断升高，为产后泌乳做好准备。产后，大多数新妈妈就会有初乳分泌，而大量的乳汁分泌一般是在产后两三天，此时就会有明显的乳腺胀痛，乳腺表面温度升高，有时还会看见充盈的静脉。但一般至产后七八天乳汁通畅后，胀痛感就会得到一定缓解。

推荐食疗方

枸杞红枣乌鸡汤

乌鸡 1 只，枸杞子 20 克，红枣 4 颗，姜片、盐各适量。将乌鸡去内脏，洗净，放入温水里，加入料酒，用大火煮沸后捞出。把乌鸡和枸杞子、红枣、姜片放入温水锅内，大火煮沸，再转小火炖至乌鸡酥烂，出锅前加盐即可。

胡萝卜炒豌豆

胡萝卜半根，豌豆半碗，姜片、醋、盐各适量。胡萝卜洗净，切成丁；将胡萝卜丁和豌豆分别放入开水中焯 1 分钟后，捞出。锅中放油，烧至七成热，放入姜片煸香，然后放入焯过的胡萝卜丁、豌豆，爆炒至熟，最后调入醋和盐，翻炒均匀即可。

虾皮粥

虾皮 15 克，大米 50 克，丝瓜、盐各适量。将大米淘洗干净；虾皮用水浸泡洗净，备用。丝瓜去皮，切成小块。将大米入锅熬至大米开花时，加入虾皮、丝瓜、盐，稍微煮一会儿即可。

产后抑郁

产后新妈妈身体的雌激素会从孕期的高水平，很迅速地回落到低水平。由于这种回落太快了，身体不能很好地调节适应，于是会比较明显地影响到新妈妈的情绪和精神状况。分娩、哺乳、照顾宝宝带来的疲劳和不适应，生活方式的巨大变化，加上月子里一般待在室内，不出门，这些都会使新妈妈出现精神紧张、烦躁易怒、不自信、焦虑、沮丧等不良情绪。如果时间过长，难以改善，容易发展为产后抑郁症，严重时还需通过药物治疗。

产后新妈妈可以多吃一些核桃、花生、莲子、葵花子、桂圆、青菜、橘子、苹果、柚子、枇杷、葡萄、香蕉、银耳、红枣等，有助于缓解产后抑郁。

推荐食疗方

牛奶香蕉芝麻糊

　　牛奶1袋，香蕉1根，玉米面1/3碗，白糖、芝麻各适量。将牛奶倒入锅中，开小火，加入玉米面和白糖，边煮边搅拌，煮至玉米面熟。将香蕉剥皮，用勺子压碎，放入牛奶糊中，再撒上芝麻即可。

什锦西蓝花

　　西蓝花、菜花各200克，胡萝卜100克，白糖、醋、香油、盐各适量。西蓝花、菜花洗净，掰成小朵；胡萝卜去皮，切片。将全部蔬菜放入开水中焯熟，晾凉后加白糖、醋、香油、盐，搅拌均匀即可。

银耳鹌鹑蛋

　　干银耳1朵，鹌鹑蛋6个，冰糖、枸杞子各适量。银耳泡发，去蒂，放入碗中加清水，上蒸笼蒸透；鹌鹑蛋煮熟剥皮；枸杞子洗净。锅中加清水、冰糖煮开后放入银耳、鹌鹑蛋、枸杞子，稍煮即可。

产后虚弱

产后虚弱的原因包括难产、分娩或产后出血过多、产后饮食不当、产后出汗过多或产后休息不足、过度劳累等，严重的产后虚弱称为产后虚劳。分娩之后，如果新妈妈出现精神不振、面色萎黄、不思饮食，就要考虑是否是产后虚弱了。

为了预防产后虚弱，新妈妈产后一定要注意休息，保证睡眠，放松心态，及时和家人沟通，寻求协助。可以选择一些富含铁的食物或者是促进血液循环的营养品，如动物内脏、海带、紫菜、菠菜、芹菜、西红柿等；多吃含有优质蛋白质的食物，如鸡、鱼、瘦肉、动物肝脏等；牛奶、豆类饮品也是新妈妈必不可少的补养佳品。

推荐食疗方

桂圆羹

桂圆肉 50 克，银耳 10 克，红枣适量。桂圆肉清洗干净，备用；将银耳泡发，洗净；红枣洗净。锅中放清水烧开，放入桂圆肉、银耳和红枣，煮开后改为小火炖 30 分钟左右，即可食用。

胡萝卜肉末粥

胡萝卜 150 克，大米 100 克，肉末 50 克，料酒、淀粉、香油、盐各适量。胡萝卜去皮切成丁，大米淘洗干净；肉末加料酒、淀粉拌匀。锅中烧沸清水，加入大米、胡萝卜丁，煮沸后再改用小火熬煮至粥成，加肉末稍煮，调入香油、盐调味即可。

米酒蒸鸡蛋

鸡蛋 2 个，米酒 50 毫升，糖桂花、白糖各适量。鸡蛋打入碗内，倒入米酒，加入适量糖桂花、白糖，拌匀。把鸡蛋碗放入锅里，隔水炖 1 小时即可食用。

产后腹痛

分娩后，新妈妈下腹部会出现阵发性疼痛，称为产后腹痛，也称为"宫缩痛"，这是正常现象，一般发生于产后一两天，三四天后慢慢消失。产后腹痛主要是因为子宫收缩，子宫正常下降到骨盆内所引起的。在哺乳时，因宝宝的吸吮会使新妈妈体内释放出激素，刺激子宫收缩而加重疼痛感。经产妇比初产妇更容易出现产后腹痛。另外，子宫过度膨胀，如羊水过多、多胞胎等也会加重产后腹痛。

产后1周后这种疼痛会自然消失。如果腹痛时间过长，就要考虑腹膜炎的可能。有助缓解腹痛症状的食材有菠菜、南瓜、扁豆、苹果、木瓜、肉桂、红花、当归、桃仁、黄酒、鸡蛋等。

推荐食疗方

黄芪党参炖母鸡

取母鸡1只，黄芪、党参、山药各30克，红枣5颗，隔水蒸熟食用，对产后身体虚弱、产后腹痛有一定的缓解作用。哺乳妈妈最好产后1周后再食用母鸡，可先用公鸡代替。

红糖姜饮

准备红糖30克，鲜姜10克。鲜姜洗净切丝，放入锅中，加适量水煮开，放入红糖，再次煮开即可饮用。可辅助治疗产后腹痛和产后胃部疼痛。

桃仁汤

取桃仁9克，红糖20克，煎水内服，对治疗产后腹痛有辅助的作用。

产后瘦身

大部分新妈妈都会出现产后肥胖的现象，因为新妈妈在怀孕时为了保证自己和腹内胎宝宝的营养需要，往往会摄入大量的滋补食物，体重已经增长不少。在产后坐月子期间，为了恢复体力，保证充足的奶水，新妈妈不仅不能控制饮食，进补的甚至比孕期还多，这就容易引发"产后肥胖症"。

为了恢复孕前的好身材，新妈妈可以在产后 5 周以后进行饮食控制，科学合理地安排进食，适量吃些蔬菜、水果，使营养与消耗实现动态平衡，既保证满足产后恢复身材的需要，又能将充足的营养供给宝宝。有助于产后瘦身的食材有南瓜、魔芋、竹荪、苹果、木耳、油菜、瘦猪肉等。

推荐食疗方

什锦水果羹

苹果、草莓、白兰瓜、猕猴桃各 50 克。将苹果、白兰瓜果肉切成方丁；草莓切成两半；猕猴桃去皮，切成块。然后将所有原料一同放入锅内，加清水煮沸，转小火再煮 10 分钟。

红薯南瓜粥

红薯 100 克，南瓜 50 克，大米 80 克。将红薯洗净，连皮切成块；南瓜洗净，去皮，去瓤，切块；大米洗净。将大米、红薯块、南瓜块放入锅内，加适量清水，大火煮沸，转小火熬煮至熟。

莼菜鲤鱼汤

鲤鱼 1 条，莼菜 100 克，香油、料酒、盐各适量。将莼菜洗净，切末，备用；鲤鱼洗净沥干，将鲤鱼、莼菜放入锅内，加清水煮沸，撇去浮沫，加入料酒，转小火煮 20 分钟。出锅前加盐调味，淋上香油即可。

产后痛风

新妈妈在产褥期出现腰膝、足跟、关节甚至全身酸痛、麻木沉重，或腰肩发凉、肌肉发紧、酸胀不适、四肢僵硬等不适症状，尤其在遇到阴雨天的时候，症状更加显著，即可认为是患上了产后痛风。中医认为，本病因分娩时用力过度、出血过多及产后气血不足、筋脉失养、肾气虚弱，或产后体虚，再感风寒，风寒乘虚而入，侵入关节、经络，使气血运行不畅所致。有助缓解产后痛风症状的食材有猪肝、牛肉、鱼、胡萝卜、西红柿、茄子、南瓜、水蜜桃、菠萝、梨、红枣、木耳等。

推荐食疗方

薏米炖鸡

母鸡1只，薏米20克，香菇3朵，青菜、葱段、姜丝、盐各适量。母鸡收拾干净，与20克薏米、3朵香菇一起放入锅中，加清水适量，大火烧开，撇去浮沫后改中火煮至熟，加入青菜、葱段、姜丝稍煮，放盐即可。

薏米甜汤

薏米200克，冰糖20克。薏米淘洗干净，加清水大火烧开，放入冰糖，转小火煮至薏米烂熟即可。

羊肾枸杞粥

羊肾1对，枸杞子、小米各50克，葱末适量。羊肾，洗净切细丝，与枸杞子、小米和适量葱末一起煮粥，粥熟即可食用。

产后头痛

产后头几天，由于分娩消耗过度，血流量不足，新妈妈容易因大脑缺氧而感到头晕目眩，并伴有食欲缺乏、恶心、发冷、头痛等症状。这种头痛一般在1周内就可随着气血的恢复而逐渐缓解。

此外，还有一部分头痛是由于新妈妈月子期间皮肤毛孔扩张，头部大量出汗后受风寒引起的。身体其他部位受寒也会间接引起头痛。所以，新妈妈不妨带上宽松的帽子，或用头巾包住头，洗头后要吹干或用干毛巾包裹住头发。

推荐食疗方

当归生姜羊肉煲

羊肉400克，当归2克，姜30克，红枣2颗，葱段、盐、料酒各适量。羊肉洗净、切块，用热水烫过，去掉血沫。姜切片备用。当归洗净，在热水中浸泡30分钟，切薄片，浸泡的水不要倒掉。羊肉块放入锅内，加姜片、当归、红枣、料酒、葱段和泡过当归的水，小火煲2小时。出锅前加盐调味即可。

凉拌木耳菜花

菜花半棵，木耳3朵，胡萝卜半根，盐、醋、香油各适量。菜花洗净，掰成小朵；木耳泡发，洗净；胡萝卜洗净，切成条。菜花、胡萝卜、木耳分别焯水，沥干。将菜花、木耳、胡萝卜搅拌在一起，加入盐和醋调味，淋上香油即可。

阿胶核桃仁红枣羹

阿胶、核桃仁各50克，红枣2颗。将核桃仁掰小块，红枣洗净，去核。把阿胶砸成碎块，50克阿胶需要加入20毫升的水一同放入碗中，隔水蒸化后备用。将红枣、核桃仁一起放入砂锅中，加清水用小火焖煮20分钟，将蒸化后的阿胶放入锅内，与红枣、核桃仁再同煮5分钟即可。

产后水肿

新妈妈在产褥期内出现下肢或全身水肿，称为产后水肿。中医认为，产后水肿的原因有两个：一是脾胃虚弱，二是肾气虚弱。这两种原因都会导致体内水分过多，出现头晕心悸、脉象细弱无力等症状，在体重增加的同时，还会出现眼皮水肿、脚踝或小腿水肿。有助于缓解水肿的食材有牛肉、鸡肉、动物肝脏、西蓝花、油菜、芹菜、柠檬、苹果、香蕉、草莓、牛奶及奶制品、鸡蛋、黄豆等。当出现产后水肿时，新妈妈可以尝试多吃这些食物，以帮助恢复。

推荐食疗方

鸭肉粥

大米 50 克，鸭肉 100 克，葱段、姜丝、盐各适量。将鸭肉、葱段放入锅中，加清水，中火煮 30 分钟，取出鸭肉，放凉，切丝。将大米洗净，放入锅中，加入煮鸭肉的高汤，小火煮 30 分钟，再将鸭肉丝、姜丝放入锅内同煮 20 分钟，出锅前放盐调味。

红小豆薏米姜汤

红小豆、薏米各 50 克，老姜 5 片，白糖适量。将红小豆和薏米用冷水浸泡 3 小时以上，将老姜与红小豆、薏米同煮。大火煮开后，转小火继续煮 40 分钟，待红小豆、薏米煮熟软后，加少量白糖调味。

红小豆鲤鱼汤

鲤鱼 1 条，红小豆 100 克，白术 9 克。鲤鱼收拾干净。将红小豆与白术洗净，放入砂锅，加水与鲤鱼同煮。大火烧开，改小火慢煮至红小豆、鲤鱼熟烂即可。

产后恶露不净

恶露是产褥期由阴道排出的分泌物，由胎盘剥离后的血液、黏液、坏死的蜕膜组织和细胞等物质组成，正常恶露没有臭味。在正常情况下，产后 1~3 天出现血性恶露，含有大量血液、黏液及坏死的内膜组织，有血腥味。产后 4~10 天转为颜色较淡的浆性恶露，产后一两周排出的白恶露，为白色或淡黄色，量更少。恶露在早晨的排出量较晚上多，一般持续 3 周左右停止。

产后可有意识地多吃蔬菜、水果等有助于排恶露的食物，如白菜、菜花、莴苣、西红柿、丝瓜、莲藕、冬瓜、白萝卜、橘子、苹果、柚子、枇杷、葡萄、益母草、山楂、当归、党参、黄芪、鸡蛋等。

推荐食疗方

阿胶鸡蛋羹

鸡蛋 2 个，阿胶 10 克，盐适量。鸡蛋磕入碗中；阿胶打碎。把阿胶碎放入鸡蛋液中，加入盐和适量清水，搅拌均匀。将鸡蛋液上锅，用大火蒸熟，即可食用。

白糖藕汁

莲藕 50 克，白糖适量。将鲜白嫩藕榨取藕汁，取 100 毫升，将白糖兑入藕汁中，随时饮服。适用于血热所致的产后恶露不净。

人参炖乌鸡

人参 10 克，乌鸡 1 只，盐适量。将人参浸软切片，装入鸡腹，放入砂锅内，加盐炖至鸡熟烂，食肉饮汤。

附录：产后恢复操

产后适当的运动可以预防或减轻因分娩造成的身体不适及器官功能失调，还可协助恢复以往健美的体形。下面专门介绍一套产后健美瘦身操，新妈妈可根据自己的身体情况，逐渐增加运动量，以不疲劳为限，每天做5~10次。

产后第1天

胸式呼吸

1. 身体放松，用比较舒服的姿势仰卧平躺在床上。膝盖弯曲，脚心向下。双手轻轻地放在胸口。

2. 慢慢地做深呼吸。随着胸部的起伏，吸气的时候双手自然离开，呼气的时候还原。每隔两三小时做五六次。

产后第2天

手指运动

　　伸直手臂，握拳。把手张开，五指尽量外张。每日做10次，每次20下左右。

产后第 3~4 天

腹肌运动

1. 仰卧，双腿并拢，双手放于背下，在后背和床垫之间留出缝隙。

2. 慢慢地像绷紧肌肉似的用力，不要屏住呼吸。绷紧的时候，双手感觉到后背和床垫的缝隙变大。每日可做数次，每次5下。但注意，剖宫产妈妈不能做此动作。

产后第 5~6 天

扭动骨盆运动

1. 仰卧，双膝盖弯曲，脚心平放在床上，手掌平放在身体两侧。

2. 双腿并拢向左侧倾斜，呼吸1次，再向右侧倾斜。每组左右各做5下，每日早、晚各做1组。

图书在版编目 (CIP) 数据

金牌月嫂私房月子餐 / 张素英主编 . -- 南京：江苏凤凰科学技术
出版社 , 2016.1 (2017.3 重印)
(汉竹·亲亲乐读系列)
ISBN 978-7-5537-5559-5

Ⅰ. ①金… Ⅱ. ①张… Ⅲ. ①产妇-妇幼保健-食谱
Ⅳ. ① TS972.164

中国版本图书馆 CIP 数据核字 (2015) 第 246246 号

凤凰汉竹

中国健康生活图书实力品牌

金牌月嫂私房月子餐

主　　　编	张素英
编　　　著	汉　竹
责 任 编 辑	刘玉锋　张晓凤
特 邀 编 辑	马立改　曹　静　吴　丹　张　欢
责 任 校 对	郝慧华
责 任 监 制	曹叶平　方　晨

出 版 发 行	凤凰出版传媒股份有限公司
	江苏凤凰科学技术出版社
出版社地址	南京市湖南路 1 号 A 楼，邮编：210009
出版社网址	http://www.pspress.cn
经　　　销	凤凰出版传媒股份有限公司
印　　　刷	南京精艺印刷有限公司

开　　　本	715 mm×868 mm　1/12
印　　　张	16
字　　　数	100 000
版　　　次	2016 年 1 月第 1 版
印　　　次	2017 年 3 月第 5 次印刷

标 准 书 号	ISBN 978-7-5537-5559-5
定　　　价	39.80 元

图书如有印装质量问题，可向我社出版科调换。